從傳統到創新激發組織潛力，
由上到下改變公司結構！

范博仲 著

Neuro Linguistic
Programming

引領變革
NLP
教練式管理
的核心策略

管理學領域顛覆傳統的全新觀念

深入剖析「教練式管理」的核心理念及技術
提供嶄新管理模式的全面理解和應用指引

目錄

目錄

第六部分
教練式授權管理 —— 無為而治是管理的最終目標

第七部分
教練式培訓管理 —— 實現管理者與員工的雙贏局面

第八部分
教練式績效管理 —— 如何讓員工創造最佳績效

自序

　　第一本書的誕生，我時常把它比作我的「孩子」一樣，熱情而又慌亂，覺得大腦裡有好多課程裡的東西在往外湧，畢竟在這個領域浸淫了這麼多年，從理論到實踐有大把的案例和自己的領悟，但真正要動筆了卻似乎無從下手，於是能在書裡的各個章節分別能有融入就好。到了第二個「孩子」，想著精心生產和培育，結果大量的課程邀約又令我疲於奔命，本想作為我優優寶貝誕生見面禮的，一晃就跨過了年到現在。

　　這本書的方向原意是想「救市」的：這些年在 NLP 和教練技術領域的摸爬滾打，發現各地有很多類似體系的課程，但無論從課程主辦方、導師個人還是課程方向，經常有偏離之嫌，有生搬硬套者，有疏導曲意者，更有與 NLP 教練文化背道而馳者……所以細想，在課程裡面對的學員數量和大眾相比畢竟寥寥，加上課程內交流時間有限，那麼就在書裡一點點地呈現，哪怕在書裡給各位一點察覺和收穫也足矣！讓這本書除了讓課程畢業學員重溫之外，也讓更多還沒來及進入課堂的人先做個熱身，也算是對行業盡點微薄的貢獻吧！

　　修行教練技術如「人」字兩條腿，講究道術雙修：道者，內在領導力的心態、素養鍛造和修練；術者，外在工具、方法和技巧。這在 NLP 教練型領袖訓練中是有其框架的：從一階段的個人內在醒覺的「知」，找到盲點，發現潛能；在二階段中進行突破和蛻變的

自序

「行」；到第三階段開始真正生活中的「知行合一」落地，拿到現實成果，開始生命真正的「英雄之旅」！其配套必須融入教練智慧修行和教練理論工具訓練。

教練型領袖內在領導力的醒覺和蛻變，唯有在體驗式訓練部分方可達成，原想在書中對課程中的環節做深度剖析，但這樣會引發一些人不切實際的想像，以為僅靠看書就成才，那對我來說就是一種罪過了，所以在課程或他日用別的方式進行環節剖析吧。關於理論工具、方法的部分，在這裡我要說多幾句：傳統的教練技術 CP 理論部分，本身是個好東西，同時要建立在當事人有足夠開放的空間進入才更好用，使用多在第三階段裡拿目標成果比較高效。但有些機構拿去只為了追求較為單一的指標，有的內在修為不夠時，使用就更加生硬，運用範圍更多局限性。

我想要的狀況：既然是好東西，就讓更多的人能用、好用、上手快、有成果為原則。真正做到「心中無劍」才是劍客最高境界！教練技術的王牌和支柱是「親和力」和「觀察力」，把教練狀態修好了，提升教練智慧，已經稱得上市面上及格的教練了。

我常講：教練技術其實很簡單，就是「A —— B」。工具很多，訓練也簡單，重要的就是打好基礎，不斷精進，「光說不練，十年不變！」本書從各個方面講到了 NLP 教練式管理，不僅用在企業管理中，在家庭、人際關係、個人成長等各個方面均能適用！這本身就是人生的智慧，是可廣為複製的優秀之人卓越模式而已，願 NLP 教練式管理使得我們的人生更加喜悅而豐盛，讓世界因為我們的存在而更加美好！

博仲（Vincent）

前言

《管子·心術篇》中有這樣一句話：「無代馬走，使盡其力；無代鳥飛，使弊其翼。」意思是說：如果你不代替馬兒行走的話，它自然會奮力前奔；如果你不代替鳥兒飛翔的話，它自然會展翅翱翔。

實際上，企業管理就是一種激勵他人自覺完成任務的藝術。如果管理者能夠使用恰當的管理方法，就能夠有效激發員工的積極性，達到事半功倍的效果；反之，則有可能使得員工消極怠工，企業業績也停滯不前。

在一家企業從誕生到成長壯大的過程中，管理者會面臨各式各樣的問題，比如，員工有對立和衝突情緒，開會時總是難以獲得有效的對策；管理者自覺為員工謀福祉，員工卻並不領情；當績效下滑時，從員工處聽到的總是各式各樣的藉口；新入職的員工，尤其是「90後」的新一代，多缺乏應有的責任心；當管理者忙得焦頭爛額的時候，員工反而一副事不關己的樣子；部分能力較強的員工，個性也更強，不願意服從指導和安排……

雖然管理者不能因為企業管理過程中的每一個問題時時對管理機制進行修正，但一套有效的管理模式和管理理念卻可以從根本上改變這種狀況。

原奇異（GE）董事長兼 CEO 傑克·威爾許（Jack Welch）曾說過，成功的 CEO 同樣也是成功的教練。教練式管理就是運用 NLP（Neuro Linguistic Programming）技術讓對方去了解自己，發現自己

的缺點並及時調整自己的心態，以最佳狀態去迎接更大的挑戰。尤其針對 80、90 年代的新生代員工，教練式管理模式比之前的命令式管理模式更有成效。

「NLP 教練技術」是結合了 NLP 心理學與教練技術這兩套課程的綜合體。「NLP」是有三個英文字母縮寫而成：即 N（Neuro，神經）、L（Linguistic，語言）、P（Programming，程式），意為「神經語言程式學」。簡單來說，NLP 就是透過破解成功人士的語言、思維、行為模式，提煉出他們在思想、心理、情緒和行為等方面的共同性和規律，並將這些共同性和規律歸納為一套可複製、可效仿的程式。

而 NLP 教練技術的基本原理就是透過準確把握員工的心理，把員工「不得不做」的事情變成「主動想做」的事情，發揮每一名員工的主動性、積極性和責任感，把管理者從繁重的管理工作中解放出來，最終達到無為而治、事半功倍的理想境界。

NLP 教練技術，應該說適用於所有的管理者，因為與員工相關的問題，NLP 教練技術都會有所涉及，比如全面準確地了解人性，把管理的重心從困難重重地「管人」過渡到能夠事半功倍地「識人」、「用人」；更好地了解人心和人性，在此基礎上建設企業文化；順應每個員工的個性，最大限度地發揮他們的潛能；靈活運用心理學相關原理，解決員工管理的難題等等。

隨著大數據、雲端計算、行動網路等網際網路相關技術的發展，我們已經全面進入了知識經濟時代。而快速變化的商業環境使得企業管理中的疑難雜症越來越多。縱觀全球範圍內的知名企業，比如豐田、3M、Google、蘋果、奇異等，它們的管理實踐已經足以證明：教練式

管理更能喚醒員工的潛能，實現員工由被動工作到主動工作的轉變。

在總結全球知名企業經驗和結合本土實際情況的基礎上，本書對教練式管理的基本理論及實用技巧進行了系統的說明。

從內容方面來看，本書可以劃分為三個部分。

● 第一部分：教練式管理：一種徹底顛覆傳統管理模式的管理新思維

企業的管理能力主要依賴於人的行為，而不是組織的策略規劃。有人將員工的能力比作「水下的冰山」—— 員工能否發揮出他們最大的工作潛能，往往取決於管理者能否將「水下的冰山」托出水面。

教練技術經過 30 多年的發展，在提高效率、激勵潛能等方面已經取得了巨大成效，而且已經被越來越多的歐美企業青睞和接受，成為了最新的、有效提升生產力的管理技術。而新的市場環境也對管理者提出了新的要求，也因此，企業管理者在處理員工關係方面，應該具備一種嶄新的管理理念。對企業管理者而言，教練技術無疑是最好的選擇。

● 第二部分：教練式領導力和教練型團隊

要成為一名成功的教練式管理者，就要學會角色的轉換，從原來為員工「提供方案」到現在幫助員工「自己主動找方案」。教練式管理者可以透過傾聽與溝通，鼓勵員工主動思考，最終找到解決方案。教練式管理者還要主動對員工的表現給予評價和指導，甚至可以用適當的方法挑戰員工的行為，幫助員工糾正錯誤。

企業內部教練型團隊可以說是教練型團隊的核心，團隊的成員應包括企業的高層、中層和基層負責人，需要具備合理的人員機構

配置。引入企業教練技術的初級階段，就是要把企業內部教練型團隊成員培訓成教練，以此為基礎普及教練技術。

● **第三部分：教練式管理的具體實踐**

根據教練式管理的核心價值觀及其實踐的各個層面，本書第三部分從教練式人本管理、教練式溝通管理、教練式授權管理、教練式培訓管理和教練式績效管理 5 個層面分章節進行了闡述。

為了讓管理者更好地理解教練式管理，本書包含了大量案例。這些案例既有知名企業的經驗總結，也有貼近一般企業日常實踐的場景展示。另外，為了便於管理者將教練式管理模式應用到具體的企業管理當中，在每一章節都不乏實用技巧的展示，旨在透過訣竅、練習、步驟和方法等全面提升企業的硬實力。

最後，值得一提的是，教練式管理不僅適用於大型企業，對中小企業來說，它也具有魔法一般的強大管理效力！更讓人欣慰的是：這套方法同樣也適用於提升自我教練能力、親子教育、親密關係等更為廣泛的一般性人際關係，使得每個人能夠獲得真正意義上的成功和幸福感，創造符合系統平衡的「你贏、我贏、世界贏」的三贏局面！

第一部分

教練式管理 ── 顛覆傳統管理思維的新觀念

▌教練式管理：你是否為一個企業教練

進入 21 世紀，商業環境的急遽變化、市場競爭的日趨激烈，加上新生代人群的不斷湧入，為組織管理者帶來了諸多新的挑戰。與以往管理者所面臨的挑戰相比，新時期的這些挑戰往往更具複雜性、多樣性和不可預測性。而對於管理者來說，必須要做的就是不斷提升自己的管理技能，進而提升組織的營運效率，從而確保企業在激烈的市場競爭中保持競爭優勢。

事實上，企業管理主要依賴人的行為，而不是組織的策略規劃。有人將員工的能力比作「水下的冰山」——員工能否發揮出他們最大的工作潛能，往往取決於管理者能否將「水下的冰山」托出水面。如果我們從這個層面來理解的話，組織能否高效持續運作，真正的關鍵不在於員工能力的高低，而在於「教練」指導水準的高低，我們始終相信每個人都具備使自己成功快樂的資源和意願。

要想提高員工的技能素養和工作效率，管理者就必須在員工面前扮演好「教練」的角色，透過自上而下的言傳身教，與員工進行溝通，引導、啟發員工，喚醒員工內心深處的覺醒，從而有效地激發出員工的無限潛能。然而遺憾的是，就目前的企業管理現狀而言，無論是企業的高層領導者，還是中層管理者，都普遍缺乏這種「教練式」管理意識，而企業的整體管理水準也沒有得到真正的提升。

教練技術的發展

　　教練技術經過 30 多年的發展，在提高效率、激勵潛能等方面已經取得了巨大成效，而且已經被越來越多的歐美企業青睞和接受，成為了最新的有效提升生產力的管理技術。比如：IBM、美孚石油公司（Mobil）、愛立信（Ericsson）、國泰航空（Cathay Pacific Air-ways）、寶潔公司（Procter & Gamble, P&G）等國際知名企業都已將教練文化列為企業內部重要的文化內容。

　　與此同時，為了順應經濟全球化的發展趨勢，以及適應越來越激烈的市場競爭與變幻莫測的市場環境，亞太地區的企業以及管理者也開始對教練技術表現出濃厚的興趣。2002 年 11 月 23 日，美國第 39 任總統吉米·卡特（Jimmy Carter）在第七屆國際教練聯合會（ICF）年會上致辭，並表示：身為一個教練，會為「所服務的個人和組織帶來巨大的價值和無比的智慧」。

　　在歐美，教練技術已經開始在企業中普及，而教練形式也由以前的面對面（face to face）發展成為了包括網路、E-mail、電話等在內的多種形式。如今，全球已有不計其數的企業內部教練；有數十萬的美國人接受過專業的培訓或者聘請過私人教練；全球很多著名企業已經專門提出了教練文化的口號；《美國新聞與世界報導》曾做過的一項調查報告顯示，教練技術在美國顧問業中增速最快，呼聲最高。

　　在美國進入知識經濟社會之後，企業教練技術也逐步發展成了一種系統的有效提升生產力的管理技術。如今了解和學習教練技術

的人越來越多，甚至它已經被一些大學引入管理學科當中。在商界中，教練技術更是受到了越來越多企業管理專家的青睞。

在新的經濟形勢下，企業對激發員工潛力提出了越來越迫切的要求，而領導層作為教練技術的一個模組也承擔了越來越多的期待和壓力。有鑑於此，一些大學已經將教練技術列為大學管理學中的一課，並開始為這類課程設置學分。《公共人事管理》曾經發表過一項調查報告，在對採用培訓技術的企業與採用「培訓＋教練」技術的企業進行對比之後發現，培訓能使企業的生產力提升 22.4%，「培訓＋教練」技術則能讓生產力成長 88%。由此看來，在 21 世紀，教練技術有可能會成為一項提升人力資源管理效率的重要技術。

新世紀的市場環境對管理者提出了新的要求，要求管理者善於應變，處事富於彈性，反應敏捷且有較強的適應能力，只有這樣才能適應不同的商業環境。因此，企業管理者在處理員工關係方面，應該具備一種嶄新的管理理念。而對企業管理者而言，教練技術無疑是最好的選擇。事實上，在歐美企業中，已經有越來越多的企業管理者在運用教練技術訓練和支持自己的員工去實現生產目標；而對員工來說，他們也需要一個具備專業教練技術的教練在背後鼓勵、支持和鞭策他們。

正如布拉德福特（David L. Bradford）所言：「人們必須為自己部門的成長與發展承擔更多的責任，而不能依賴人力資源部。教練能幫助我們緊緊掌握工作方式中的巨大變化，也能幫助我們改變許多。」法國一位跨國集團的總經理也表示，自己很幸運地率先接觸

了教練技術，而教練會成為未來急需的熱門職業。就連奇異公司前 CEO 傑克・威爾許在接受楊瀾的採訪時，也表示自己退休後的心儀職業是企業教練。著名足球教練米盧（Bora Milutinovic）一生事業的轉折點，是 36 歲時所上的教練技術課。在企業管理界，有很多高管、企業家甚至是行銷人員都有自己的教練；在一些國際知名企業中，更是有著專職教練。比如 IBM 就擁有一批專業教練，這些教練的職責是組織員工學習並掌握教練技術。

身教練式管理的定義

　　許多年以來，大家經常聽到「教練」這個詞，但近年來這個詞的含義已並不僅限於我們所理解的「運動員的教練」，而是在人力資源管理領域流行的一個新概念。教練（coaching）這一概念源於體育界，不管是著名的網球高手還是高爾夫球員都有教練。教練的作用就是幫助運動員提高運動技能、調整最佳運動狀態，並在重大賽事前制定策略，以支持運動員取得卓越成績。

　　而現在「教練」這一概念被引入企業管理領域，於是在企業管理領域便興起了一股培養教練技術的熱潮。在西方，人們對「教練技術」的概念並不陌生，教練技術在經過二三十年的研究之後，已經形成了一整套成熟的理論體系和框架，並在實踐中得到了實際應用。

　　在傳統的管理模式中，管理者一直扮演著「諮商顧問」的角色，在員工身邊為他們解決工作上的問題，管理者更多的關注點是在具體工作上而不是在員工身上。而教練式管理的最大不同就在

於 —— 從對「事」不對「人」，到對「人」不對「事」！管理者將目光更多地放在員工身上，運用新的管理技術，鼓勵員工發揮主觀能動性，幫助員工找到解決問題的方法。

教練式管理者就是要幫助員工發現自身的長處，讓員工充分意識到自己的價值，運用自己的資源、優勢和潛能，實現最佳工作效能。

在教練式管理者眼中，員工就是企業最寶貴的資源。企業是由人組成的，離開了人，什麼都是空談。比如，再自動化的裝置也離不開人的操作和設計，離開了人，一切也都停止了。而企業最大的問題也就是人的問題，解決了人的問題，「事」的問題也就解決了。

教練在幫助員工提高自身能力素養的同時，也會促進企業資本的增加。「教練技術」現如今已經生成了一種教練文化 —— 從員工的立場出發，充分激發他們的潛力，提升其自身價值，提高企業的工作效率，從而促進企業向著更高目標發展。

除此之外，教練式管理者還會透過各種方式啟發員工的學習、創新和溝通能力，配合建立學習型組織。換句話說，教練就是運用一定的技術，了解員工的心態，發掘員工的潛質，幫助員工調整心態，並以最佳狀態去迎接挑戰、達成目標的人。

某電視劇中的李團長是一位深諳「教練技術」的管理者，在他指揮的很多次戰役中都運用了「教練式管理」的理念。比如，在一次攻堅戰中，他與砲手有過這樣一段對話。

李團長：「看到山坡上(敵人)的帳篷了嗎？」

砲　手：「嗯，看到了。」

李團長：「你的砲打得到嗎？」

砲　手：「團長，距離太遠，已經超出射程了呀！」

李團長：「帳篷裡肯定是日本人的指揮部，日本人真夠狡猾的，把帳篷設在射程之外了。怎麼樣，想想辦法炸掉他們的指揮部。」

砲　手：「團長，向前推進五百500公尺，一定可以！」

李團長：「好。我把你送到往前500公尺的位置，有把握嗎？」

砲　手：「有把握！」

李團長：「好！等仗打完了，我賞給你半斤地瓜燒。同伴們，向前攻擊500公尺，守住它！為砲兵贏得時間，炸掉敵人的指揮部，然後發起總攻！」

李團長先為他的砲手釐清目標，讓他清楚地知道自己和目標的距離，明白怎麼樣才能更好的完成目標。

在上述案例中，我們透過對李團長與炮手的對話稍加思索和分析，就可以明顯地看出：李團長雖然是一團之長，但他並沒有運用自己的權力向下屬施加強迫性、指令性的命令，而是為下屬設定了一個明確的目標，然後以「教練」的角色激勵和引導下屬，並為下屬提供充足的資源支持，充分激發下屬的積極性和主動性，從而讓下屬自主地完成任務、實現目標。

教練式管理是一門將體育教練對運動員的訓練督導方式引入企業管理領域中來的技術。教練不僅以實現目標為目的，還重在激發員工和團隊的潛在能力。教練式管理者與員工不再是簡單的上下級關係，雙方在信念和價值觀方面達成一致，形成了一種團結合作的夥伴關係。

學會授人以漁

奇異公司（GE）前 CEO 傑克·韋爾許管理公司多年，他在多年的經營中領悟了一個道理：數據和策略並不能幫你實現目標，但員工卻能幫你實現目標。有人問他：如果讓你重新執掌 GE，會與之前的管理有何不同？他說會在公司內部進行重大的改進，轉變傳統的管理模式，更加重視員工的價值，注重培養員工的自我開拓能力。

教練式管理最關鍵的作用就是發掘員工潛在的能力，幫助員工實現自我突破。教練式管理就是幫助員工擺脫恐懼、煩惱和壓力，讓員工變得更加優秀和快樂的過程。它最大的優勢就在於挖掘員工最大的潛力，把員工從局限的思維中解放出來。

最大限度地激發員工潛能的目的就是為了能更好地實現創新。教練式管理中的創新首先是指觀念的創新，然後由觀念創新引發管理模式和行銷技巧等方面的創新。企業管理者不僅自己要學會創新，還要學會運用教練技術幫助員工和整個企業實現創新。因此，教練式管理者要重視培養員工的創新能力和獨立解決問題的能力，而不是簡單地「授之以魚」。

教練式管理者必備的素養

透過談話溝通的方式幫助員工調整心態並以最佳狀態迎接挑戰，是教練技術的一種基本方式，因此良好的溝通能力是教練式管理者必備的素養之一。我曾經看到過一項調查研究，數據顯示人的內心活動 80% 以上是透過非語言的形式表達出來的，如你可以透過一個人的情緒了解他的內心世界。這就要求教練式管理者要有良好的洞察能力。

同時，教練還可以採用發問的方式洞察員工的心理活動。簡單的發問有時候並不能夠完全了解員工的心態，因此這就要求教練練就一身辨識員工心理的本領，幫助員工正確了解自我。

一個優秀的教練應該具備承諾（Commitment）、同理心（Empathy）和溝通（Communication）三個主要素養，如圖 1-1 所示。

圖 1-1 教練型管理者應具備的三個主要素養

⊙ 承諾：我對一些企業進行教練式管理培訓時，很多企業管理者憂慮地表示，他們的企業中經常出現「策略擱淺」、「執行不力」、「員工缺乏積極性」等問題。當我對這些企業做過一番深入調查後發現，其中很大一個原因就在於他們對員工缺乏承諾。許多管理者為了追求企業短期的利益，經常向員工許諾一些無法兌現的承諾，最終嚴重影響了自己在員工心目中的形象，導致團隊士氣低落，企業效益下滑。

⊙ 同理心：所謂「同理心」，就是「將心比心」、設身處地地站在他人的角度思考問題。身為一名企業教練，要能隨時隨地洞察員工的內心感受，學會體諒和理解員工的想法，而且要將這種體諒傳達給員工，這樣就能在無形中與員工建立親和感。

⊙ 溝通：溝通是 NLP 教練技術中的一項核心內容。企業教練的核心工作內容就是透過聆聽、發問、區分、回應等專業教練技巧，幫助員工明確自己的使命和目標，激發員工內在的潛能，發現更多的可能性，合理配置各種可利用的資源，以最佳的狀態實現目標。

教練的過程就是與員工進行交流溝通的過程，因此教練要掌握聆聽的技能要成為一個出色的聆聽者就要充分重視聆聽的三個層面：用耳朵（聽取全部內容，不以「自以為是」為自己設定障礙）、用眼睛（觀察是否口不對心）、用心（聆聽說話者話語背後的意圖和傾向）。

1. 要能積極地聆聽各種事情。
2. 要了解員工的基本數據，清楚地知道他們的需求和意圖。

3. 不僅要學會「聽」話，還要學會「聽懂」話。

4. 欣賞他們的成就，肯定他們的能力。

　　教練的過程就是運用一系列教練技能，洞察員工的心態，對內掃清盲點，發掘員工潛力，提升員工素養；對外幫助員工尋找更多的可能性，增加更多選擇，實現工作目標，與員工一起設計企業發展策略，提高工作效率和企業效益。與此同時，提升員工的創新能力，幫助他們衝破思想桎梏，發揮更大的主觀能動性，集中力量完成工作目標。

傳統管理模式和教練式管理模式的比較

● S 教練

管理學自誕生以來百年間，全球商界湧現出許多高瞻遠矚、見識卓越的大師級管理者，並不斷推動和完善現代管理理論的發展。然而，21 世紀的組織管理者不得不正視一個問題：商業環境已經發生了劇烈的變化 —— 激烈的競爭市場、顛覆性的技術革新、挑剔的資本市場、不斷成長的客戶期望、逐漸成熟的網際網路商業模式……

在這個極端不確定的商業時代，管理者都面臨一系列的商業變化和趨勢，不得不重新審視探索未來的管理之路：是因循守舊，維持和延續固有的傳統管理模式？還是探索出一種全新管理模式，以應對和突破前所未有的管理瓶頸？

毫無疑問，所有的組織管理者都會不假思索地選擇後者！在當前的商業環境和形勢下，傳統管理模式顯然早已過時了。企業要想獲得持續競爭優勢，組織管理者必須要學會角色轉變，徹底改變以往那種高高在上的「大家長」形象，而是深入基層管理工作中，以「教練」的角色去培訓員工、引導員工、激勵員工、啟發員工，從而轉變員工的工作行為和態度，磨礪他們的工作素養和技能，全面提升組織績效與個人績效。

我在對一些企業做內訓或者講授「NLP 教練式管理」總裁班的公開課程時，許多企業管理者向我提出這樣的問題：「身為管理者，我們應該如何實現角色轉變，從而有效地運用教練式管理模式？」要想

很好地解決這一問題，我們首先應該了解當前企業的一些管理現狀。

　　身為一名長期致力於個人成長教練諮商以及企業管理諮商與培訓服務的實踐者，我在長達 20 多年的職業生涯中接觸到無數的企業。透過和這些企業的管理者進行密切的交流和探討，我發現目前很多企業管理中都普遍存在以下問題。

　　管理者整日周旋於各式各樣的會議，熱衷於發表長篇演講。前些年，我到一家大型公營企業做教練式管理培訓。培訓結束後，我在跟一些中層幹部交流的過程中，詢問了他們一個問題：「在日常管理工作中，讓你們最受困擾的問題是什麼？」這些中層管理者的回答幾乎完全一致：會議太頻繁！

　　一名中層幹部曾私下對我抱怨道：「高層主管們整日周旋於各式各樣的會議，熱衷於在會議上發表長篇演講。一週中至少要有 2 ～ 3 天都在開會，而且大多是主管講話為主，很少涉及企業管理中的具體問題。最要命的是，對於這種頻繁、無效、流於形式的會議，我們這些部門主管還不得不參加，既浪費了我們的工作時間，又解決不了任何的實際問題。」

　　管理者說得多做得少、朝令夕改，導致員工執行不力、企業營運效率低下等問題。許多管理者認為，自己的主要職責是制定策略，剩下的事情都由員工來執行。因此，在這樣的觀念和認知下，管理者頻繁召開會議，訂計畫、出方案、下指令，然而企業效益卻變得越來越差。究其原因，就是管理者說得多做得少，而且頻繁的會議也導致一個很嚴重的問題：策略措施和目標規劃頻繁變動、朝令夕改、反覆無常。而最終，就必然會出現員工執行力、企業營運效率低下等問題。

　　透過文件向員工下達指令，導致管理者與員工之間產生距離

感，上下級溝通管道閉塞。在我考察的一些企業當中，管理者習慣以文件的形式來傳遞指令和資訊，所以企業內部經常可以看到這樣的景象：員工辦公桌上堆放著許多資料夾，資料夾裡有各式各樣的文件。而堆積的文件也替員工的工作帶來了諸多不便，一些員工告訴我：「領導下達的文件實在太多了，我們每天要接收大量的文件，但卻經常看不到領導的身影。在這樣的情況下，我們在具體的工作中可能對文件不能充分地領會，由此導致一些工作失誤。」顯然，「文件式命令」阻礙了上下級之間的資訊溝通管道，員工不能很好地領會管理者的意圖，導致管理者與員工之間產生距離感。

比如，我在為一家公司做 NLP-CP（教練式管理）總裁班培訓時，一個老闆向我訴苦，說自己剛下達了一個很好的文件給公司員工，卻弄得吃力不討好、惹出了一些麻煩。我看了一下那個文件，內容大致是這樣的：員工必須熟練掌握注音輸入法，公司將根據每名員工的熟練程度來進行考核，考核不過關者則扣 1,000 元獎金。我理解該公司管理者的初衷 —— 確保員工熟練掌握打字技巧，提高工作效率。然而，發表這樣一份文件卻往往會造成適得其反的作用：首先，很多員工並非文職人員，他們需要打字的地方其實並不多；其次，要想提高打字效率，員工不一定非要用注音，他們通常已經習慣了常用的打字法，比如倉頡輸入法、嘸蝦米輸入法等。因此，該文件下發後引起了不小的爭議，員工對管理者產生抱怨，而管理者則聽不到員工的聲音，這樣一來，就嚴重挫傷了員工的工作積極性。這位管理者忘記了有效果比有道理更重要！

管理者忙於交際應酬，不注重產品、服務、市場，導致企業效益低下。任何一個企業的管理者都有自己的交際圈，無論是公事還

是私事，都有許多需要打交道的地方，這本無可厚非。然而，身為公司的掌門人，如果你將大部分時間和精力都用於交際應酬上，並一廂情願地認為，只要自己搞定了應酬，企業就會一帆風順、萬事大吉了，那你就大錯特錯了。

管理者精於應酬，可能會給自己和企業帶來豐富的發展資源。然而，一個企業是否具備核心競爭力，其關鍵因素並不在於管理者是否善於應酬，而是在於該企業所提供的產品和服務是否具備市場競爭力。要提升企業效益，管理者就必須要腳踏實地地掌握產品、掌握服務、掌握品質、掌握市場，倘若企業的產品和服務得不到市場的認可、客戶的肯定，那麼即使你擁有豐富的外部資源，也終究是無濟於事的。

上述種種管理現象和問題，都集中反映了傳統管理模式的弊端。在商業競爭日趨激烈的今天，這種單向的、行政性的管理模式（單向管理如圖 1-2 所示）已經與這個日新月異的時代嚴重脫節，單向而閉塞的資訊溝通機制也導致內部管理的紊亂 —— 曾經為企業帶來高效率、高利潤的傳統管理理念已經難以為繼。而這也恰恰說明了那些曾經顯赫一時的企業最終卻走向衰敗甚至終結的原因！

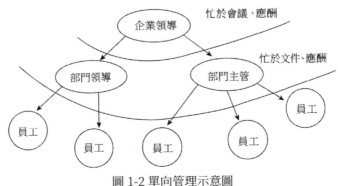

圖 1-2 單向管理示意圖

　　華人社會的等級觀念根深蒂固，因而也就造成了一些組織內部「家長制」、「一言堂」等官僚上義盛行，事業單位、公營和一些大型民營企業表現尤為突出。在這樣的管理體制和環境下，即使再聰明而富於創造性的員工，也不得不循規蹈矩、按部就班地從事著自己的工作。如果員工的個性和活力受到了壓制，失去了工作熱情和積極性，那麼他們就不可能為企業創造更大的價值。由此就不難想像，為什麼許多企業效益始終不見好轉。

　　因此，對於企業管理者而言，應該致力於尋求一種人性化、科學化、民主化的管理模式，以突破傳統管理模式的瓶頸。而「教練式管理」模式就是一種讓員工由被動到主動工作的全新管理模式。幾年前，我為某集團做教練式管理諮商和培訓服務，透過實地考察，我認為他們採取的就是教練式管理模式。

　　某集團管理層實行「三三制」，規定各層管理者用 1/3 的精力投入具體工作實踐中，用 1/3 的精力堅持做好日常管理工作，用 1/3 的精力展開調查研究。在這樣的管理體系下，管理者與員工之間的關係也不再那麼疏遠。工業戰線上的各層級管理者在親身實踐的過程中，改變了固有的、傳統的管理思路，而且在工作態度和工作作風上也有了明顯的改善和提升。

　　一位中層幹部告訴我：「在生產第一線，我既是員工中的一員，又是員工的指導員。在工作的過程中，我與員工之間的關係非常融洽。」而我在與一些基層員工交流的過程中，也能夠明顯地感受到他們普遍高漲的工作熱情。在「三三制」的管理體系下，員工的工作積極性和工作效率都得到了明顯的提高，企業效益也得到了大幅的成長。

　　事實上，其「三三制」已經基本上具備了教練式管理的雛形。作為一種全新的管理理論、方法和技術，教練式管理經過 20 多年的發展和推廣，如今已經成為歐美企業的主流管理模式，但在國內企業的推廣和應用尚處於初級階段。我到許多企業講授教練式管理課程時，許多企業家、管理者都表示自己是第一次接觸這種管理技術，可見教練式管理在國內企業中仍是一個比較陌生的概念。

　　所謂「教練式管理模式」，就是指企業管理者轉變角色和自我定位的模式，它要求管理者做好員工的教練，透過科學、完善的教練式管理模式和流程來激發員工的工作潛能，提升組織管理效能的管理技術。在教練式管理模式下，管理者需要深入員工當中，透過一系列有針對性、有策略性的教練式溝通管理措施，洞察員工的心智模式和行為模式，令員工向內挖掘自己的潛能、向外探索新的可能性選擇。

　　在教練式管理模式下，組織管理者的角色發生了明顯的轉變 —— 管理者必須拋棄固有的命令型、掌控型管理者身分，徹底擺脫以往那種高高在上的姿態，轉變為深入基層、盡自己的最大努力去支持和幫助員工，促使員工迅速成長，從而最大限度地激發員工的活力和創造性。而管理者要想徹底實現角色的轉變，就不得不經歷六個環節，如圖 1-3 所示。

1. 建立寬鬆的教練環境。

2. 觀察與傾聽。

3. 向員工提問，與員工交流。

4. 找出問題，明確目標。

5. 幫員工制定行動規劃。

6. 建立監督與回饋機制，確保員工執行到位。

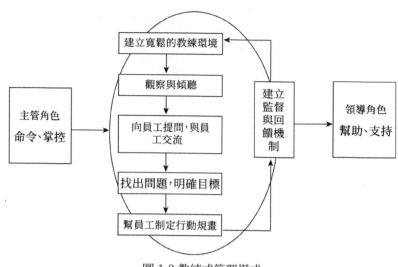

圖 1-3 教練式管理模式

第一，管理者要學會放下架子，打造一個寬鬆的教練環境。在一個企業中，只有具備了自由、寬鬆的環境，管理者才能與員工進行坦誠的對話和溝通，實現無障礙交流。對於管理者來說，要意識到一個人是不能改變另外一個人的，更不可能控制另外一個人，一個人的改變只能是當事人自己決定改變時才能實現。只有意識到這一點，才能真正尊重人，把員工當成極具潛力的運動員，而將自己視為員工的私人教練，將企業的願景、使命、目標以及自身的知識、經驗和要求有效地傳遞給員工。透過深入員工第一線，以自己的實際行動去感染員工，提高員工的工作熱情和積極性。前不久，在瀋陽的一次課程中，一個學員對我說想讓我來改變他，我對他說：「沒人能改變你，除非你自己有意願轉變，我才能支持你！」

第二，注意觀察與傾聽，了解管理問題。在這一環節中，管理者要擺脫以往那種「文件式指令」的管理方式，學會與員工進行面

對面的溝通，善於了解員工表述的在其執行過程中出現的一些問題，深入了解員工工作狀態背後的心理框架，聆聽基層員工的抱怨背後的情緒及意圖，從而支持員工找出自己在企業營運和管理中真正受困的節點，然後加以解決。

第三，向員工提問，與員工進行真誠交流。教練式管理者需要透過向員工發問的方式，與員工進行真誠的溝通和交流。針對具體問題，向員工探尋問題的原因所在，明確問題是個人原因造成的還是企業原因造成的，然後引發負責任的態度，即「我能做些什麼令狀況改變並提升」（這也是我在教練技術課程裡經常闡述的關於「負責任」的定義）。透過管理者與員工之間無障礙的交流和溝通，員工可以坦誠地闡述他們的觀點和看法，表達他們心中的困惑，將自己在工作中遭遇的問題以及自己的期望等傳遞給管理者。

第四，找出問題，明確目標。管理者透過了解管理現狀、觀察和聆聽員工心聲、向員工發問、與員工交流等諸多環節，可以精確鎖定企業管理中出現的一些問題，進而明確目標、統籌資源，從而有效地解決這些問題，促進企業的高效運作。

第五，幫助員工制定行動規畫。管理者制定了明確的目標後，下一步就要落實到行動上來，這也是教練式管理的相當重要的落地的一環。因此，管理者需要支持和幫助員工制定一個詳細的、可操作的行動規劃，從而確保員工的個人目標與企業目標形成高度一致。

第六，建立監督與回饋機制，確保員工執行到位。在最後這一環節中，管理者可以利用績效考核體系，對員工進行指導和監督。對那些富於才華和熱情的、工作積極的員工，予以適當的激勵，比

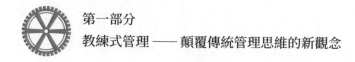
如加薪和升遷及重要而巧妙的精神鼓勵；而對那些工作懶散、不服
管理的員工，學會借力去創造相應的學習、提升模式給予其相應的
懲罰。與此同時，員工還可以透過回饋機制，針對在工作中遇到的
問題，及時向管理者予以回饋，從而迅速獲得資源支持，有效解決
問題。

NLP 教練技術的四大關鍵步驟

什麼是「NLP 教練技術」？所謂「NLP 教練技術」，是結合了 NLP 心理學與教練技術這兩套課程的綜合體。

1970 年代，美國加州大學的理查·班德勒（Richard Wayne Bandler）和約翰·葛瑞德（John Grinder），對美國心理治療領域的三位大師，即家庭療法的維琴尼亞·薩提爾（Virginia Satir）、完形療法的弗里茲·波爾斯（Fritz Perls）和催眠療法的米爾頓·艾瑞克森（Milton Hyland Erickson）的語言、行為及思想模式進行了系統的分析和解碼，並將研究的結果出版，NLP 自此誕生。

簡單來說，NLP 就是透過破解成功人士的語言、思維、行為模式，提煉出他們在思想、心理、情緒和行為等方面的共性和規律，並將這些共性和規律歸納為一套可複製、可效仿的程序，如圖 1-4 所示。

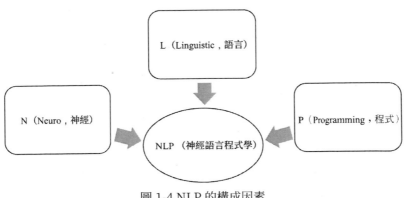

圖 1-4 NLP 的構成因素

語言是思維的載體，NLP 正是從語言入手，將人類心理的研究帶入一個全新的高度。而且，它並不僅僅是一套理論，還具有很強的實用性，可以應用到現實生活的方方面面。其實，我們之所以會遇到各式各樣的困局，主要的原因便是意識與潛意識、理智與感情等層面存在衝突，而 NLP 依據思維和情緒的規律，指導我們處理困局，協調理性與感性。從這個角度可以說，NLP 是教我們如何找到方法的方法。在 NLP 的發展過程中，其衍生出來的不同技巧能夠幫我們從容應對各式各樣的問題，使我們的學習能力、溝通能力以及幸福感等獲得極大的提升。

1975 年，提摩西·高爾威（Tim Gallwey）創立了教練技術，他的這一發現很快引起了一批美國心理學家的興趣。此後的 10 多年裡，心理家不斷將 NLP 心理學融入教練技術中，NLP 心理學最終逐漸演變為一種應用心理學。

NLP 教練技術透過一系列有針對性、有策略性的過程，洞察當事人的心智模式，向內挖掘潛能，向外發現可能性，有效激勵當事人實現目標。需要說明的是，NLP 教練技術不僅應用於組織管理領域，而且還廣泛應用於心態、態度、人格、情緒、素養、技能、人際關係、親子教育等個人成長及家庭、社會生活等諸多領域。

NLP 教練技術的核心內容是：教練在與當事人溝通的過程中，運用獨特的語言和聆聽、觀察等方面的技巧，激發當事人的潛力，使他盡可能以最佳狀態達成目標。

教練技術具有一個突出的特點，即極強的實用性。在籃球賽場上，經常可以看到這樣的場面：教練叫暫停後，會對球隊的打法進行簡單的部署，雖然只有短短幾句話，但再接下來我們便能看到明顯的效果。

可以說，NLP 和教練技術之所以能夠完美地結合，原因之一便在於它們都以「人」為關注和研究的中心，而且彼此的優勢使得兩者結合之後能夠達到更加理想的效果。對 NLP 來說，教練技術使得它有了更好的落腳點；對教練技術來說，NLP 讓它獲得了深厚的學術支持，使其應用起來更加靈活，可供選擇的技巧更加豐富。

如今，NLP 教練技術已經被譽為 21 世紀最具革命性和效能的管理技術。在歐美等開發國家和地區，NLP 教練技術也成為了眾多企業獲勝的法寶。

NLP 教練式管理就是一套基於 NLP 教練技術的管理學問，其主要工作原理就是順應人性，透過運用聆聽、發問、區分和回應等專業教練技巧，來深入洞察員工的心智模式，充分激發員工的潛能，讓員工以最佳的工作狀態迎接挑戰，提升工作效率。作為一種全新的企業管理理論、方法和技術，NLP 教練式管理在 30 多年的發展過程中逐漸豐富和完善起來，如今已經成為企業界的一種主流管理思想。

通常而言，NLP 教練技術主要包括四個關鍵步驟：釐清目標，反映真相，遷善心態和行動計劃，如圖 1-5 所示。

圖 1-5 NLPP 教練技術的四大關鍵步驟

第一步：釐清目標

值得注意的是，這裡是「釐清目標」而非「理清目標」。現代漢語中，「釐」字還有「整理和治理」之意，也即澄清和查清楚的意思，而「理清」一般用於有條理的事物（如頭緒、思路等）。「釐清」的支配對象往往是關係、原則、任務或者目標，人們在「釐清」之前，或許對某個問題或現象還沒有分辨得很清楚，而「釐清」之後，往往就劃分了某種界限，使得某問題或現象的性質等得以分明地呈現出來。

因此，所謂「釐清」，即在當事人（員工）目標模糊的情況下，讓對方對自己有一個清楚的認知，比如目標究竟是什麼、自己何時能夠實現目標、怎樣才能實現目標、在實現目標的過程中需要付出怎樣的代價……因此，對於企業教練而言，我們首先要做的就是幫助員工「釐清目標」，讓他們清楚地意識到要想實現目標，他們將會遇到怎樣的干擾和障礙，這些干擾和障礙怎樣排除，需要多長時間排除干擾，要以怎樣的心態排除這些干擾和障礙。

管理者在幫員工「釐清目標」時，關鍵的問題在於員工是否能夠進入「被教練」的狀態。如果員工不能很好地調整融入這種開放的狀態中，管理者就很難「教練」員工，「釐清目標」自然也就無從談起。因此，在對員工運用教練技術時，管理者首先要與員工建立一個良好的溝通狀態（也即我另外一部著作《溝通就是領導力》裡講到的建立「同頻道」）。

與員工進行良好的溝通，對於教練式管理者而言是至關重要的一步。NLP 教練模式的一個重要基礎，就是員工能夠充分地信任

你、接納你，他們能敞開心扉與你進行高效的溝通。只有在此基礎上，管理者才能更好地幫助員工「釐清目標」，分步驟、分階段地實現目標。

每個人的問題都可能是複雜的。當員工在談論自己的問題時，往往會把很多問題都糾纏在一起，管理者不可能將員工的所有問題都解決，但卻可以運用聆聽、發問、區分、回應等教練方式，支持員工呈現出一個明確的目標。

「釐清目標」是 NLP 教練技術的第一步，是教練式管理的基礎。在「釐清目標」的過程中，管理者需要注意三個方面的問題。

1. 管理者要明確，教練的目的在於幫助員工釐清目標、實現目標，這個目標是員工的目標而非自己的目標。如果管理者不能明確這一點，就很有可能在教練的過程中，將自己的目標強加於員工身上。在教練式管理模式中，管理者的任務是讓員工洞察自己內心的追求，最終的決定權也歸員工所有。當然，這個目標要建立在「三贏」的基礎上。

2. 事實上，沒有誰比自己更清楚自己想要什麼。有些時候人們會迷失方向，那是由於他們內在的需求被掩藏在心底。而教練式管理者要做的，就是幫助員工將他們隱藏在內心深處的需求挖掘出來，讓他們看到自己想要的是什麼。

3. 在做法上，教練要與當事人共同明確對事件的目標，幫助當事人明確其想從教練處尋求什麼樣的支持。

在傳統的管理模式裡，管理者往往喜歡替員工做決定，讓員工執行自己的決策，最後員工即使完成了目標，他們也體會不到工作

帶來的成就感和喜悅感；而教練式管理模式則完全不同，教練型管理者不會替員工做任何決定，而是相信員工的能力，讓員工自己做出選擇，然後進行推動、達成。

透過對兩種管理模式稍加對比和分析，我們能夠明顯地看出，這兩種管理模式將產生截然不同的結果：傳統管理者通常制定出企業的策略目標，將決策傳達到各部門，各部門必須要完成任務，因為薪酬與績效直接相關。在這種自上而下的、僵化的管理體制下，員工沒有任何商量的餘地。

而教練型管理者通常會把整個市場情況和前景告訴員工，然後向員工發起挑戰：今年我們要實現怎樣的目標？可能管理者心裡有自己的目標規畫，但是他肯定不會直接向員工下達決策指令，而是讓員工自己設定一個目標。目標一旦真正設定，管理者才能接著向部門負責人發起挑戰：你們部門今年可以實現怎樣的目標？要實現這一目標，你們制定了怎樣的規畫？你們現階段要採取的行動是什麼？

第二步：反映真相

在日常工作的過程中，員工經常會遇到各式各樣的困難和挫折。當員工遭遇挫折時，他們的第一反應往往是自我逃避，具體可展現為：給自己找藉口，指責同事不配合，抱怨領導沒有給予充分的支持，埋怨大市場環境，等等。總之，他們陷入了負面情緒當中。當員工陷入迷茫狀態時，管理者就應該運用教練技術中的第二個步驟 —— 反映真相。

教練要幫當事人看清事實的真相、看到事實的更多層面，而非

他們原本所想像、臆斷的那樣。一句話，支持當事人去除主觀演繹、猜測，讓當事人見到事件真相，提高當事人自我醒覺水準。

就如上本書詳細講到的 NLP 部分，每個人看事物都會依照自己的心智模式去刪減、扭曲，進入大腦的東西經過一番「過濾」後會變得主觀，所以任何時候被教練者都存在主觀的傾向，會不自覺地站在自己的立場分析事物。在這樣的情況下，如果教練不透過發問了解更多事實真相，不透過區分辨明更多被遺漏掉的重要因素，就難免會做出與事實真相不相符的決策，其後果可想而知。

反映真相的目的在於讓員工清楚地知道自己目前的狀態和位置，包括他們的心態、意圖、情緒、行為等，幫助他們洞悉現狀與目標之間的偏差和距離，區分真相和演繹、目標與渴望，找到自己的盲點及盲點對自己目標的干擾。

所謂「旁觀者清，當局者迷」，當員工在工作中遭遇挫折時，有時候他們看不到自己生活與工作中的失誤和盲區（當然也可能是由於他們不敢面對，所以找理由推卸責任），這就是所謂的「迷」。因此，教練式管理者就要給員工「照照鏡子」，讓他們意識到自己的心態、情緒和行為，客觀面對工作中的失誤和盲區，看清事物的真相。

第三步：遷善心態

《易經》裡說：「君子以見善則遷，有過則改。」遷善心態不僅僅是一種良好的意願，更是一種能力的展現。所謂「自勝者強」，只有戰勝自我的人才是真正的強者。對於我們每個人來說，最難戰勝的往往是我們的內心世界，比如固有的信念、思維、觀念、想法、認知等。

我們的一切行動都源於我們的思想，源於我們內心所堅持的信

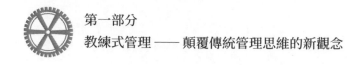
念。遷善是一個自我反省的過程，也是一個自我提升的過程。

在企業管理實踐過程中，每名員工都有他們自己的想法，可能他們的想法得不到管理者的認同。當管理者與員工之間產生觀念上的分歧時，如果管理者急於否定員工的想法，告訴他「你是錯的」，那麼員工也一定會反駁說「你是錯的」，於是雙方陷入了「對」與「錯」的爭論裡面。

那麼，如何避免這種情況的出現呢？身為一名教練式管理者，你首先要具備遷善心態，不要急於否定他的想法，而是引導他進行另一種或者更多的思考：我的想法是否更有利於目標的實現？如果嘗試另一種方法，是否會取得更好的效果？員工在深思熟慮地權衡利弊之後，往往會放棄固有的想法和觀念，實現心態上的「遷善」。

在支持的方向上，要讓客戶清晰地意識到心態調整與達成目標的關係，明晰心態上需要調整的具體方面，開始願意正視自己可能抗拒的相關信念，並在相關心態上明顯出現正面的、積極的調適。

比如，前段時間我給一家企業做 NLP-CP 培訓。在培訓過程中，我要求所有在座的學員都上臺來簡單介紹一下自己。其中有一位學員害怕當眾講話，尷尬地對我說：「范老師，我每次當眾講話就緊張，我就不上臺了吧？」

於是，我就問他：「你可以帶著你的緊張一起上臺嗎？如果讓你一邊緊張一邊說話，你是可以做到的，對嗎？」

他有些不好意思，但還是給了我一個肯定的回答：「可以。」

於是，他來到臺上講了大概有 5 分鐘。起初，他的確是有一些緊張，但後來就逐漸放鬆下來，我甚至發現他其實是一個很健談的人。當他走下去的時候，他興奮地對我說：其實「緊張」是一種感覺

或者情緒狀態，它和「上臺說話」是可以分開的，當真正去面對這些感覺和情緒狀態的時候，其干擾度反而會降低。在這個過程中，他很快地就具備了遷善心態。

所謂「見善則遷」，主要包含了兩個層面的意思。

1. 拓展自己的信念，放棄固有的思維觀念，擴大信念的範圍，排除固有思維中的「盲區」，從而產生新的可能性。
2. 以目標為準則，選擇有利於實現目標的思路和想法，並以此來開展行動，使自己的想法與目標保持高度一致，從而有效地達成目標。

第四步：行動計畫

「行動計畫」是 NLP 教練技術中的最後一個步驟，其中也包括了回饋跟進、成果檢視和再次的新循環。每個人都有追求成功、超越自我的目的，身為教練式管理者，你需要引導員工忠於自己的目標，幫助他們實現自我超越，這樣員工才能產生「創造性張力」。在很多時候，員工根本不知道自己真正想要的是什麼，而企業教練就是要讓員工在明晰自己目標的基礎上對自己的目標負責，讓他們自行制定一個詳細的行動計畫，自行制定具體檢視時間和檢視方法。

最後的部分及其延續性是最能展現教練價值的。只有一次又一次地取得回饋和跟進，才能支持當事人從行動中不斷學習、改進、回饋，再行動、再學習、再回饋、再跟進，如此周而復始，持續進行；也只有這樣，才能達到持久深入地改善業績、提升企業整體表現的目的。那種希望一夜之間就改變企業中根深蒂固的陋習和舊有模式，甚至希望教練技術一匯入企業立刻就產生爆炸般效果的想法

是不切實際的。羅馬並非一日建成的，要取得輝煌的成績，就要先從練好基本動作開始，基本動作就是：每天都在特定區分模式主導下進行傾聽、發問和回應，並在不同步驟上綜合應用這四種能力。每天都在努力看清事實真相，做出每個決策與行為之前都要問自己和屬下：我們想要什麼？我們的現狀是什麼？如何才能實現我們的目標？需要什麼資源？一直到當事人開始自我教練，自我管理和輔導的模式才算基本建立。

我曾在課堂中半開玩笑地說：教練最大的功力就在於支持完當事人以後，「他有成果了，但他以後不再需要你了」，這時人生也會更好。

NLP 教練型領袖訓練框架包括：NLP 教練技術理論及工具課程（NLP Coaching Principles，簡稱 NLP-CP）和領導力素養訓練體驗式課程（Experiential Learning）。理論及工具課程主要包括教練智慧、教練核能、九點領導力和九型人格等，而體驗式課程對學員掌握和運用理論課程具有基礎性作用。具體而言，體驗式課程可分為三個階段：發現（覺醒）、蛻變（突破）和行動計劃（成果），如圖 1-6 所示。

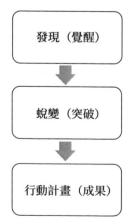

圖 1-6 體驗式課程的三個步驟

　　任何培訓教育的目的，都是期望學員在接受培訓後身心各方面都能產生積極的變化或結果。行動與計畫是我們生命程序中至關重要的兩個環節。就 NLP 教練技術而言，理論課程學習得再好，若沒有付出行動，也肯定沒有任何成果；如果你沒有制定完善的計畫，即使付出了行動，也不可能獲得最佳的成果。就如我常在課堂上講的：「光說不練，十年不變！」要透過行得通的方式做到要贏的成果：有效是指做到贏；有效率指有行得通的計畫與方法。

　　NLP 教練型領袖的體驗式素養訓練主旨就在於，透過第一、第二階段的「知」「行」學習，幫助學員對內發掘，明確目標、了解事實真相，從而激發學員的「創造性張力」，在第三階段中「知行合一」地獲得成果。這種「創造性張力」往往能夠成為一個人的信念，甚至會改變他對成功與失敗的看法。我們都知道「愛迪生發明電燈」的故事，愛迪生經歷了 2,000 次實驗失敗後，終於成功地發明了電燈。別人可能認為，愛迪生懂得堅持，經歷了 2,000 多次失敗後依然百折不撓；然而愛迪生自己卻有著不同的看法，他認為自己一次就成功了，只不過用了 2,000 個步驟而已。

教練技術的三個暗含前提

　　正如經濟學中「理性人」的假設一樣，任何一種理論必然有其成立和運作的前提，教練技術也有一些暗含的前提。一方面，了解了教練技術暗含的前提之後，在實際運用教練技術的過程中就不容易迷失方向；另一方面，了解了教練技術暗含的前提，也就意味著明確了教練技術本身的局限性，能更清晰把握其適用的對象和範圍。

　　一般來說，教練技術有三個暗含的前提。

●（1）價值取向中立

無論是傳統的教練技術還是 NLP 教練技術，都基於一個假設，即一切正確的東西已經存在被教練者的心智中，而教練的工作在於幫助被教練者明晰這些已經存在的東西，並給予其一定的支持。也就是說，透過教練的指導，被教練者能夠更加清楚自己的需求，並清楚如何有效地滿足需求。值得注意的是，在這整個的過程中，被教練者的需求是否合理以及選擇的應對方式是否真正有效，並不屬於教練該干預的內容，教練的技術重在「明晰」二字。

●（2）調適的是心態

教練技術針對的是被教練者的心態和意識，而非實現任務和職能所需的技能。也就是說，當被教練者已經具備了完成一件事所需具有的能力，但並不清楚自己需要什麼、應該做什麼，並缺乏應有的積極性和熱情的情況下，教練技術更能發揮其價值；倘若被教練者並不具備所需的技能，則不屬於教練技術的適用範圍，如圖 1-7 所示。

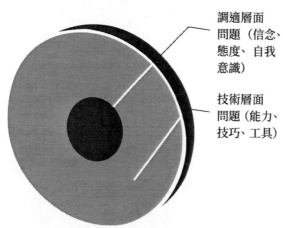

調適層面問題（信念、態度、自我意識）

技術層面問題（能力、技巧、工具）

圖 1-7 與實現任務和職能有關的問題層面

● **（3）被教練者的信賴**

　　教練技術要想實現理想的效果，從開始教練直至結束的整個過程中，被教練者都應該信賴教練，並感覺到自己是被理解和尊重的、具有足夠的安全感。只有這樣，被教練者才能坦誠地接受回應和激勵，更好地「明晰」自己的目標，並作出理性、正確的選擇。

　　目標和真相是我們每個人追求成功、超越自我的重要部分。身為教練式管理者，你需要引導員工忠於自己的目標，幫助他們實現自我超越，這樣員工才能產生「創造性張力」。在很多時候，員工根本不知道自己真正想要的是什麼，而企業教練就是要讓員工對自己的目標負責，幫他們制定一個詳細的行動計畫。

NLP 教練技術的核心原理：ABCD 法則

我在為一些企業講授「NLP 教練式管理」課程時，經常向臺下的學員們提問：「你知道什麼叫 NLP 教練技術？」每名學員的回答都不盡相同，而且答案都不是很準確，也不夠簡練。於是，學員們把這個問題又拋了回來：「范老師，那麼您是如何定義『NLP 教練技術』的呢？」

「很簡單，NLP 教練技術其實就是一個由 A 到 B 的過程。當然，要想實現由 A 到 B 的過程，我們還需要做兩件事：排除 C、挖掘 D。」我回答完以後，臺下闃然，大家都不明白我的意思。

其中一位學員站起來問我：「范老師，A、B、C、D 是什麼意思？您能為我們詳細講解一下嗎？」

「好的。A 即現狀，B 即目標，C 即干擾，D 即潛能。NLP 教練技術的目的，就在於幫助當事人擺脫 A、實現 B、排除 C、挖掘 D。一言以蔽之，NLP 教練技術的核心工作原理，就是 ABCD 法則。」該過程如圖 1-8 所示。

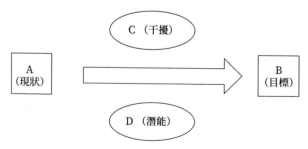

圖 1-8 NLP 的核心工作原理 ABCD 法則

　　下面，我想簡單闡述一下「ABCD 法則」的起源，以便於加深大家對這一概念的理解。NLP 教練技術中的「ABCD 法則」，源自於心理學上的「周哈里窗理論」（Johari Window）。

　　1950 年代，美國心理學家喬瑟夫·魯夫特（Joseph Luft）和哈利·英格漢（Harry Ingram）提出了管理模型──「周哈里窗理論」，這項理論也被稱為「自我意識的發現—回饋模型」或「資訊交流過程管理工具」，主要用於分析以及訓練個人發展的自我意識、資訊溝通、人際關係、團隊發展、組織動力以及組織間關係等。

　　「周哈里窗理論」認為，對於個人而言，其對世界的了解和看法通常是由四個部分構成的，即公開、盲點、隱私、潛能，如圖 1-9 所示。下面我們簡單闡釋一下這四個部分的內容。

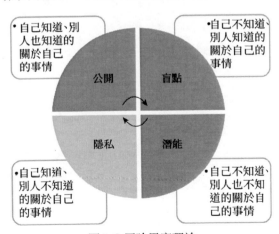

圖 1-9 周哈里窗理論

- 公開：自己知道、別人也知道的關於自己的事情，比如年齡、相貌、膚色、性別等。
- 盲點：自己不知道、別人知道的關於自己的事情，比如自己的優勢、局限等。

- ⊙ 隱私：自己知道、別人不知道的關於自己的事情，比如自己曾經遭遇過的傷痛、內心的情感等。

- ⊙ 潛能：自己不知道、別人也不知道的關於自己的事情，比如自己將來能取得怎樣的成就，未來會釋放出怎樣的能量與光彩等。潛能是任何人都不清楚的、蘊藏在我們生命深處最卓越的能力。

「周哈里窗理論」認為，每個人身上都蘊藏著極大的潛能，然而由於受到「盲點」和「隱私」的制約，我們的潛能得不到有效的發揮。要想讓自身的潛能得到充分的釋放，就需要透過不斷的學習，運用各種方法來衝破我們內心的本能阻力，排除個人或組織思維中的「盲點」，使個人或組織「隱私」得到充分披露，最終實現個人素養的有效提升、組織績效的根本改變。

根據「周哈里窗理論」，NLP 教練技術在現代管理實踐中得到了廣泛的應用。正如「周哈里窗理論」所認為的，每個人身上都蘊藏著巨大的潛能。然而，我在為一些企業授課時，幾乎所有的管理者都在向我抱怨他們的苦惱。

—— 「員工看上去都死氣沉沉的，嚴重缺乏工作熱情和積極性。公司制定的策略總是執行不到位，達不到預期的效果。」

—— 「前兩天公司剛接到一項業務，需要企劃部趕緊提供一個切實可行的企劃案，結果一個禮拜過去了，企劃案卻遲遲沒有著落……真不知道員工一天到晚在想什麼。」

—— 「唉，員工普遍抱有『領薪水心態』，認為反正不是自己的資產，我為你工作，你付我薪資；薪資給得多就多做一點，薪資

給得少就少做一點。正是由於這樣的不良心態，導致公司業績始終上不去，我都快愁死了！」

針對以上問題，我們不禁要問：究竟是什麼原因導致管理者呈現出這種愛抱怨的狀態呢？NLP 教練技術認為這一切都是因為有干擾，而且這種干擾在相當程度上來自於管理者的內在。那麼，干擾的因素有哪些呢？主要展現在哪些方面呢？

干擾的因素包括對員工持有的懷疑、否定的態度，害怕員工失敗的心態，固有的思維局限，無中生有的想法，與事實不符的主觀臆斷，等等。如果你是一名企業管理者，那麼請你捫心自問，你是否產生過這樣的想法：「這傢伙總是粗心大意的，他恐怕很難獨立完成這項工作」、「這項任務交給他，我總是有些不放心，還是交給一個可靠的人吧」、「他的工作能力自然是沒得說，但是他是否會心甘情願地聽從我的指揮呢？」、「這幫傢伙看上去神神祕祕的，他們是不是聚在一起說我的壞話？」……

我相信，絕大多數管理者都產生過類似的想法，他們對員工持有懷疑的態度，否定員工的工作潛能，對員工充滿猜忌和不信任。而類似的這種負面心理狀態，對管理者來說就是一種強大的「干擾源」，同時也是導致員工缺乏工作熱情、效率低下的最重要原因。然而，如果管理者對員工採取一種截然不同的態度，比如信任員工、激勵員工、欣賞和認可員工的工作，那麼結果可能會完全不同。

1975 年，美國一位名叫提摩西·高爾威的網球教練宣稱自己能夠讓任何人在 20 分鐘內學會打網球，即使這個人以前從來沒有打過網球。此言一出，人們普遍覺得不可思議，紛紛表示「不可能」，甚至有一家電視臺為了拆穿提摩西·高爾威的謊言，竟然組織了 20 多

個從來沒有打過網球的人來做實驗，並現場直播。

於是，一個體重超過 77 公斤的女人慢吞吞地走上場，肥胖而臃腫的身材表明她已經很多年沒有運動過了。當人們看到這個女人上場後，都交頭接耳地議論著：「這樣一個肥胖的女人，怎麼可能在 20 分鐘內學會打網球呢？簡直是笑話！」

提摩西·高爾威對胖女人說：「不要在乎別人說什麼，要相信妳自己！在打網球的時候，不要擔心自己的姿態和步伐是否正確，接球的時候也不要竭盡全力。當網球將要飛到妳眼前時，妳就用球拍去接，接到了妳就說『擊中』；如果網球落到地上，妳就說『飛彈』！」

胖女人擺出一副無所謂的架勢站在網球場上。提摩西·高爾威又告訴她：「當球飛過來的時候，妳要留意網球飛來的弧線，留意聆聽網球飛來的聲音，將目光聚焦到網球上。」胖女人按照他的指導練習，結果擊中球的機率竟然高達 70% ！

事實上，網球最難的部分並不是接球，而是發球。提摩西·高爾威在最後的 5 分鐘裡指導胖女人如何發球：「放鬆點，妳先閉上眼睛，想像著妳在跟著音樂跳舞時的樣子，然後睜開眼睛，隨著節奏發球。」在最後的一分鐘裡，所有現場的觀眾都不敢相信自己的眼睛了：這位看上去笨拙的胖女人雖然運動起來不是很靈活，但她卻真的學會打網球了！

後來，網球教練提摩西·高爾威寫了一本名叫《網球的內在訣竅》的書，他在這本書裡給出了一個公式：P＝P－I，即表現＝潛能－干擾（Performance ＝ Potential － Interfere）。

其實，我們內心的「干擾」主要源自我們過去的信念、心態和行為習慣。很多事情本身既沒有對與錯，也沒有是與非，只是一種

既定的客觀存在。然而，當我們在看待這些事情的時候，往往會對這些事情賦予更多的情緒、心理和判斷。以上述情況為例，懷疑員工的能力、擔心員工無法完成任務、對員工充滿猜忌和不信任……管理者的這些想法，都是充斥於他們內心的語言，可能僅僅是他們主觀臆斷出的想法，而並不一定是事實。

NLP 裡有句話叫「意之所在，能量隨來！」你相信什麼，你就會引發什麼，焦點在哪裡，力量就在哪裡。那麼無論你往哪個角度引發，終究會「心想事成」，無論是好是壞，哪怕結果不是自己頭腦所想。管理者內心的負面心態和認知也會嚴重干擾員工的工作熱情和動力，因而導致員工在很多事情上都未能發揮出他們最大的潛能，最終也使得團隊不能實現理想的工作目標。

NLP 教練技術的一項重要工作就在於讓我們清楚地了解到這一事實。在企業中進行管理或者在家庭中對孩子進行教育，管理者或父母無論是對自己進行自我教練，還是對他人採取教練模式，都應該努力排除當事人自身的各種信念干擾（C），激發其本身潛能、增加選擇創造的可能性（D），幫助實現從目前的現狀（A）到預期的目標（B）的發展。在企業管理中，無論是員工個人的工作績效，還是管理者的領導水準，抑或是團隊整體效能的發揮，都與潛能（激發）與干擾（排除）有著無法分割的連繫。

在過去相當長的一段時間內，企業管理者習慣於透過運用激勵方式來激發員工的潛能，而對於最根本的干擾因素卻沒有留意太多，這也正是目前許多企業管理者對員工的表現產生抱怨和不滿的真正原因。身為一名教練管理者來說，要想充分挖掘員工的潛能，首先就要排除來自自身的干擾因素，這樣團隊的能量才能以幾何級數釋放！

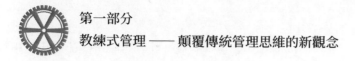

第一部分

教練式管理 —— 顛覆傳統管理思維的新觀念

第二部分

教練式領導力 —— 突破管理瓶頸，發現藍海領導力

教練型領導：讓他人勝出，自身才能成功

在經濟全球化的大背景下，企業的競爭就意味著管理者管理模式的競爭，一個管理者如果能採用先進的管理模式增強企業的凝聚力，那他就能在競爭中占據優勢。

教練式管理漸成趨勢

管理者在紛繁複雜的商業環境下制定策略目標時，要具備前瞻性的眼光，還要學會充分整合企業資源並對員工進行授權。除此之外，管理者還應有快速決策和快速調整的能力。當然，最重要的一點是管理者的管理技能也要能夠隨機應變。

近年來，歐美企業開始盛行教練式管理，透過這種管理技術來發掘員工潛力，提高員工的工作效率。原奇異董事長兼 CEO 傑克·威爾許曾說過，成功的 CEO 同樣也是成功的教練。而有關人士也認為，教練就像是一面鏡子，讓你自己去發現自己的缺點。教練不是教你怎麼做，而是教你學會怎麼做。教練式管理就是運用 NLP 技術讓對方了解自己，發現自己的缺點並及時調整自己的心態，以最佳狀態去迎接更大的挑戰。教練式管理者不僅重視員工的個人發展，還關注員工的工作績效，因此這種新型的管理模式受到許多管理者的大力推崇。

針對 1980、1990 年代的新生代員工，教練式管理模式比之前的命令式管理模式更有成效。新生代員工雖然追求自主自立和成就

感，工作能力也不錯，但是他們工作的主動性比較差。因此，教練
式管理者就應該多鼓勵他們，運用教練式管理的輔導課程，用激勵
代替命令，幫助新生代員工適應競爭激烈的社會，實現自己的人生
價值。

如何理解教練式管理

國際教練聯合會將教練（Coaching）定義為教練（Coach）與自
願被教練者（Coachee）在信念和價值觀方面結成的一種相互合作的
夥伴關係。只有當一方需要進步和發展，另一方願意提供幫助的時
候，雙方之間才能建立起一種教練關係。在體育界，教練的過程不
僅僅是幫運動員達成目標的過程，更是一個將運動員的潛能發揮到
極致的過程，既重視目標的達成，也重視運動員在達成目標過程中
的個人成長。

NLP 教練式管理就是將體育教練對運動員的訓練方式運用到企
業管理中來。NLP 教練式管理並不是一種全新的管理觀念，但因為
新生代員工的加入，傳統的指令性管理模式不再適用，教練式管理
的優勢才日漸顯示出來。教練式管理不僅可以幫助員工提升工作業
績，還可以培養員工在工作中的獨立意識。

由於 NLP 教練式管理模式的盛行，越來越多的企業開始重視
這種管理模式，企業也開始想方設法地培養管理者的「教練式領導
力」，轉變陳舊的管理模式，為員工提供更多的成長空間。身為教練
式管理者，要幫助員工認清自我，發掘自己的優勢，提高企業的整
體力量，加強企業的內部合作，從而實現提高企業效益的目標。

如何理解教練式領導力

要成為一名成功的教練式管理者，就要學會角色的轉換，從原來為員工「提供方案」到現在幫助員工「自己主動找方案」。教練式管理者可以透過傾聽與溝通，鼓勵員工主動思考，最終找到解決方案。教練式管理者還要主動對員工的表現給予評價和指導，甚至可以用適當的方法挑戰員工的行為，幫助員工糾正錯誤。此外，教練式領導還應具備多種能力，具體如圖 2-1 所示。

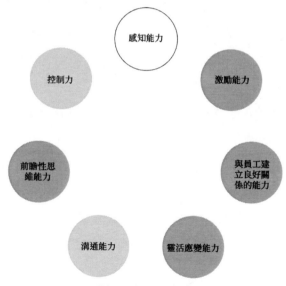

圖 2-1 教練式領導力

● （1）感知能力

要想成為一位成功的教練式管理者，首先應該具有感知自我的能力，這樣才能在做他人教練的時候防止出現心有餘而力不足的情況。感知自我的能力可以讓管理者發現更多激勵自我的因素，為更好地教練員工打下基礎。當然，除了具備感知自我的能力，教練式

管理者還要學會感知他人，對員工的能力和劣勢進行分析，並及時調整自己的教練輔導方式，提高員工自身的能力。

● (2) 激勵能力

教練式管理者需要讓員工發揮自己的內在動力，但使用外部刺激來使員工發生改變的嘗試是徒勞的。並不是每個人生來就擁有激勵他人的本領，因此管理者要訓練自己激勵他人的能力，幫助那些害怕失敗和猶豫不決的人擺脫困境，促使他們不斷勇敢地向前邁進，實現自己的人生價值，最終實現企業的策略發展目標。

● (3) 與員工建立良好關係的能力

對運動員來說，教練就相當於他們的朋友和家人，他們之間具有一種自然友好的連繫。教練管理者要善於幫助員工，向員工充分表達自己的看法，與員工之間建立一種良好的互動，有效提高員工業績。

● (4) 靈活應變能力

衝突具有特殊性，因此面對各種員工，教練式管理者要學會具體問題具體分析，使整個教練過程具備靈活性，不斷適應員工的不同需要。

● (5) 溝通能力

身為一位教練式管理者，不僅需要具備人際交往能力和溝通技能，還要善於傾聽，在傾聽過程中適當提出問題，表達對員工的尊重，還要對員工的回答進行直接的回應。管理者與員工要在平等的基礎上進行溝通，認真聽取員工意見，並及時修正自身的行為。

● （6）前瞻性思維能力

教練式管理者「教練」員工學會自己達成目標、自己糾正錯誤。因此教練式管理者要具備前瞻性思維，幫助員工及時發現問題，制定可行的實施計畫，讓員工有足夠自信來實現目標。

● （7）控制力

教練式管理者在進行教練輔導的過程中，不僅要關注目標的可行性，幫助員工實現目標，還要關注員工的心理變化，幫助員工及時調整心態，積極接受改變，讓這種改變成為實現目標的捷徑。

教練式管理這種管理模式已經漸成趨勢，並且勢不可當。為了順應這種趨勢，未來的管理者要不斷提高自己的教練式領導力，找出自身的優缺點。從企業的角度出發，應該為管理者創造更多的空間來發展這種全新的管理模式，發揮員工的優勢，最大程度地提升企業的效益。

對「事」的管理對「人」的領導的比較

相信很多人都聽過著名的墨菲定律（Murphy's Law），在這一節的開篇，我想先讓大家熟悉一下墨菲定律，以便引出下面的論述。墨菲定律是 1949 年提出來的，提出者是英國的一位機械工程師 —— 墨菲。墨菲相信：「若一件事有可能造成差錯，那麼差錯必然會產生。」

1949 年，墨菲受命參與了美國空軍的一項實驗，實驗中有這樣一個專案：在受試者上方懸空放置 16 個火箭加速度計，要求受試者將這些加速度計固定在支架上，同時他們被告知有錯誤和正確兩種安裝方法。

儘管一個人將 16 個火箭加速度計全部裝錯的可能性是很小的，不過在實驗結束時，這一低機率的偶然性風險事件還是發生了 —— 有人將 16 個加速度計全部裝在了錯誤的位置上。由此墨菲認為：如果一件事存在著發生某種風險的可能性，那麼無論這個機率有多低，它都會發生。

你可能會認為這個故事和管理課程沒有多大關係，但事實上墨菲定律被廣泛應用於管理領域，用來揭示管理風險現象的存在。在任何一個管理環節中，在客觀事實上如果存在做錯的風險性，那麼不管這種風險發生的機率多麼微乎其微，如果這一環節在重複執行，總有一天潛在的風險隱患會造成現實的事故。

對此，海因里希法則（Heinrich's Law）更深入地研究了偶然事

故發生的機率問題。海因里希法則是由美國人海因里希（Herbert
William Heinrich）提出的。海因里希提出：每一起嚴重事故的背後，
必然有 29 次輕微事故和 300 起未遂先兆以及 1,000 起事故隱患。所
以說，在每一起事故發生之前，肯定有一定的徵兆或苗頭，海因里
希還進一步總結了 1：29：300：1000 的規律。

　　海因里希法則告訴我們，每一次事故的發生都是量的累積的結
果，而且之前總是有一定的徵兆，所以控制事件發生的苗頭能夠有
效消除風險。

　　然而，在現實的管理活動中，人們在運用墨菲定律和海因里希
法則時，往往著眼於管理活動中存在的風險隱患和差錯性因素，卻
忽略了隱患和差錯的發生都離不開「人」這一關鍵因素。從歷來事
故發生的數據中我們可以看到，無論是企業管理中存在的風險問
題，還是實際發生的火災、礦難等事故，大多數都與「人」有關，
甚至可以歸結為「人禍」：在曾經發生的事故徵候案例和安全事故
中，人為因素所占的比例超過 80%。

　　那麼，在管理過程中，到底是「管事」更重要，還是「管人」
更應該成為管理者關注的重心呢？透過上面關於墨菲定律和海因里
希法則的論述，並結合長期在教練式管理課程中總結的經驗，我認
為「對事的管理」和「對人的領導」應該以事件發生為節點來確定
管理工作的側重點。

　　具體來說，在面對具體的管理事故時，管理者應該側重於「管
事」，先不要去忙著追究責任，要盡可能將事件的損失降到最低，補
救已經造成的「人禍」。但是，在事故發生之前的日常管理工作中，
管理者更應該側重於「管人」，而且不是刻板地、流於表面地管理，

而應該是教練式地管理「人」。

　　管理者應該像員工的「教練」一樣，教導員工如何獨立自主地面對工作中的各種問題，如何成長為公司更有用的人才，如何努力發揮自身的工作積極性和工作潛能，這樣才能讓員工更好地投入工作，進而降低不利因素在管理活動中發揮作用的可能性。

　　就像墨菲定律和海因里希法則告訴我們的那樣，在管理環節中不利事件是難以避免的，而其中造成不利事件的因素有 80% 以上都是人為因素，因此，一個優秀的管理者在日常管理工作中應該做到教練式「管人」，以便降低那 80% 的人為因素造成的不利影響；而一旦遇到特殊事件或者意外事件，管理者的重心應該轉向「管事」，從而以最高的效率找到事件的源頭，並且將損失降到最低。

　　從機率上分析，根據海因里希法則，發生重大事件、輕微事故、未遂先兆、事故隱患的比例大概為 1：29：300：1000，可見風平浪靜的機率就更高了。因此，從一定程度上來說，管理者需要「管人」的時間和機率肯定比「管事」要多得多。而且一旦管好了人，需要「管事」的機率便會降低很多。

　　一位優秀的教練式管理者若是從根本上管好了人，讓員工都自主、自覺地投入工作，盡可能地消除管理環節中存在的 80% 「人禍」因素，那麼風險事件可能就不會發生，至少會降低發生的機率，這樣一來「管事」的機會自然少了。因此，除了專門應對危機事件的管理者，對於大部分管理者而言，「管人」往往比「管事」更重要一點，需要投入的時間、精力也更多一點。

　　特別是對於一個教練式管理者而言，管理就是以人為中心的管理。對於任何一個企業、公司或者團隊而言，員工都是決定成敗的

核心要素。管理者若能像一個真誠的教練、導師一般培養員工、任用員工，不但能夠有效地提高員工的忠誠度、幸福感，更能激發員工的工作熱情，提升工作效率，讓公司整體的人力資源發揮出最大的效益。

在長期的實踐中發現，總有些管理者將企業看成問題的載體，認為管理工作就是要不停發現問題、提出問題、解決問題，進而促進團隊或者整個公司的發展，因此管理的過程就變成了解決問題的過程。

可是事實上，除了那些專門處理危機事件的管理者，對於大多數的管理者而言，真正處理重大事件、「管事」的機會並不多，反而是「管人」的重要性更大一點。所以，我想強調一點，要想成為一個合格的教練式管理者，與其將企業看成問題的載體，不如將其看成「人」的載體。管好了人，像一個教練一樣將員工都培養成在工作中能獨當一面、發揮自身主動性的優秀人才，又何懼所謂的問題呢？

就像我想在這個案例中強調的一樣，在「管人」時，管理者應該努力讓自己成為一個教練、一個導師，而不是一個拿著鞭子不停鞭策著員工的「凶神惡煞」。在這個強調人性化管理的時代，不懂教練式管理的管理者終究要落伍，早晚要被員工厭棄、被時代拋棄。要想實現對人的領導，管理者一定要讓自己擁有引導員工、培養員工的意識；只有這樣，員工才會心甘情願跟隨你的腳步，才能在團隊中發揮更好、更積極的作用。

● 激勵員工自主達成工作目標

在日常的管理諮商和培訓服務工作中，我發現有這樣兩類員工是很難超越自我的：第一類，只有別人交代過的工作才會去做；第二類，別人交代的工作也做不好。這兩類員工哪個更讓管理者頭疼？這有些很難說。總之，身為教練式管理者，這樣的員工必須成為激勵和改造的對象，而不是讓他們混跡在自己的團隊中，在一份不得不做的工作中毫無熱情地耗盡一生的時間和精力。

某位企業管理領域的專家曾經在一篇文章中這樣寫道：「激勵員工不再是管理者一個人的責任，員工必須與領導者一起迎接這個挑戰。讓他們自己也分擔激勵的責任！」

的確，在大多數管理者看來，員工都是海星一般的動物，當別人戳戳它或刺激它一下時，它才會動一下，就像當管理者激勵或刺激一下員工時，他們才會在一段時間內努力工作一樣。可是，這樣的管理者在長期的誤解中卻忘記了，即便是一個最基層的員工也是有自主意識的，管理者要能夠激發出員工的自主意識，激勵員工在工作中不斷超越自我，這才是最具激勵效果的長遠之道。而 NLP 教練式管理的宗旨就在於此：激勵員工超越自我，自主地實現工作目標。那麼，對於管理者而言，應該怎樣做到這一點呢？

首先，管理者要給員工設定一個工作目標

如果一個員工從來不想在工作中獲得更多，那麼在庸碌的職業

生涯中他只能毫無目標和方向地隨波逐流。管理者只有在前方設定一個召喚和閃耀的目標，才能激發員工進取的動力，激勵他們更好地超越自我。

我去許多企業講授教練式管理課程時，經常會對管理者講述電影《愛麗絲夢遊仙境》中的一個場景：

小愛麗絲問貓咪道：「請你告訴我，我應該走哪條路呢？」

貓咪回答道：「這在相當程度上取決於妳要去什麼地方。」

愛麗絲無所謂地說：「去哪我都無所謂。」

貓咪咧嘴道：「那麼，妳走哪條路也無所謂。」

「呃……那麼，只要能到達某個地方就可以了。」愛麗絲想了想，說道。

貓咪回答：「親愛的愛麗絲，只要妳一直走下去，肯定會到達那裡的。」

這雖然是一個短小的電影場景，可卻昭示著一個深刻的現實問題。透過我多年來對一些企業進行實地考察，包括與基層員工或管理者進行深入的交談，我發現在現實工作中，像愛麗絲一樣連工作目標都沒有的員工大有人在。也許他們在工作中也在盡職盡責地做著分內的工作，可是卻從來沒有真正確立過什麼工作目標，職業規劃就更談不上了。

他們每天機械地做著一成不變的工作，沒有超越自我的渴望，更沒有自主實現工作目標的願望，而這種機械的工作狀態也注定了他們永遠無法實現更大的超越、達到更高的工作效率。對於這類員工，我幾乎可以斷言，他們在個人發展之路上必定要走很多彎路。要知道，一個人若是沒有超越自我、自主實現工作目標的意願，是很難實現從

平凡到卓越的突破的。

因此，身為一個教練式管理者，想要激發員工的自主工作意識，最好的方法就是幫助員工設定適當的遠大的目標，並且鼓勵他們不斷為之努力，不斷超越自我。很多偉大的創業家，如福特（Henry Ford）、本田宗一郎（Honda Souichirou）等，他們之所以能夠取得成功，在相當程度上就是因為他們擁有這樣一種特質：他們在工作中，總是能夠激勵自己竭盡全力達到設定的工作目標！為此，他們可以不懈努力，不斷超越！因此，不管結果如何，無論成功與否，他們都勇於面對結果，能夠將自己所有的時間和精力都用於實現最終的工作目標。

美國通用汽車公司（General Motors Corporation）的董事長羅傑·史密斯（Roger Smith）是從一個基層員工做起、最終坐上董事長寶座的，在很多人眼中這幾乎是難以想像的。

羅傑第一次走進通用公司應徵時，他還只是一個正在找工作的普通年輕人，正在為找一份不錯的工作而奔走。當時，應徵人員對他說，這份工作會很辛苦，而且身為一個新人，可能做起來會很難。

不過，羅傑沒有退縮，而是信心滿滿地說：「工作再辛苦我也能勝任，不信我可以做給你們看……」

於是，羅傑順利成為通用公司一位普通的會計人員。對於很多急於找工作的人而言，這樣的話也許並不難出口，可是想要真正實現這一目標卻不像說的那麼容易，而羅傑對自己的工作目標從未鬆懈。

更讓人難以意料的是，一個月之後，羅傑不但適應了這份工

作，還對自己提出了更高的目標。他這樣對同事說：「我想我將成為通用公司的董事長。」

我們幾乎可以想像，當這樣一句「狂言」出口時，別人會有什麼反應。很多人都不以為然，並且開始嘲笑他的異想天開。他的上司也是如此，並且逢人便說：「我的一個下屬對我說他將成為通用公司的董事長。」

然而，讓這位上司難以想像的是，多年以後，羅傑·史密斯真的做到了！他實現了自己的目標，成了世界級「商業帝國」 —— 通用公司的董事長！

如果你是一個教練式管理者或者想成長為一個教練式管理者，那麼千萬別忘了，最好的激勵就是讓你的員工自主、自願地投入工作中，實現自己的工作目標。這種激勵，更多的是讓實現工作目標成為員工的主動行為。無論是提供公費旅遊還是加薪的激勵方式都已經落伍了，一個優秀的教練式管理者應該將目光放得更長遠一點，要讓員工知道這些都不是他們工作的真正目的，也不是促使他們用盡全力的真正意義。不斷超越自我，向更高的人生境界邁進，這才是永不墜落的高度。

其次，管理者應該努力激發員工超越自我的潛能

人的體內藏有無限潛能，如果不去挖掘，你根本不知道一個人的身體內會有多少能量。講到這裡，我總是會想到這樣一個故事。

有一位母親下樓買菜，將一歲多的寶寶獨自留在六樓的家中。在她返回時，看到自己的孩子趴在窗口，探出頭向自己揮手。忽然，孩子一個失足，從高空墜樓。眼疾手快的母親扔掉手裡的東

西，箭步衝過去，將孩子穩穩接住。孩子毫髮無傷，這位母親卻雙手骨折。事後，有專家說，她當時跑步的速度已經能夠申請金氏世界紀錄了。可是，恢復健康的她卻再沒跑出過那樣的成績。

事實上，不用測試也知道這位普通的母親不可能再跑出那樣的成績。在母愛的刺激下，這位母親創造了奇蹟，事實上，這是一個人在情急之下被激發的潛能。有專業醫師稱，人的身體能夠在情況危急的時候做出一些應急反應，此時人體內的腎上腺素呈爆發的狀態，這種激素傳到身體需要的部位，從而產生額外的能量。一個正常人的體內通常有著大量的潛能，這種潛能的釋放並不僅僅指肉體上的反應，它還涉及人的心智和精神力量。

著名的潛能激勵大師安東尼‧羅賓（Anthony Robbins）指出：「人在絕境或遇險的時候，往往會發揮出不尋常的能力。人沒有退路，就會產生一股『爆發力』，這種爆發力即潛能。人的潛能是多方面的，包括體能、智慧、宗教經驗、情緒反應等。然而，由於情境上的限制，多數人只發揮了其 1/10 的潛能。」

一個小男孩小時候得了脊髓灰質炎，並因此留下了一些身體上的缺陷 —— 瘸腿和牙齒不整齊。這時候他幾乎認為自己是世界上最不幸的孩子，心裡也因此充滿了怨懟、逃避和自卑。

一年春天，在一個平常的日子裡，小男孩的父親找來一些樹苗，想把它們種在房前。父親讓他的孩子們每人栽一棵，並且告訴他們，誰把樹苗種得最好，就送給他一件禮物。小男孩也想得到父親的禮物，可是看著兄妹們蹦蹦跳跳、忙忙碌碌的身影，他心裡突然對自己產生了一種自我厭棄，暗暗想道：就讓自己栽的那棵樹早點死去吧。

於是，小男孩敷衍著給小樹澆了一兩次水，此後就沒有再去管它。

然而，幾天後，當小男孩看到那棵無人問津的小樹時，卻吃驚地發現它頑強地活了下來，它不僅沒有枯萎，甚至比其他的小樹長得都好。於是，父親便信守承諾，給小男孩買了一件他最喜歡的禮物。

這件小事從此在小男孩心裡埋下了希望的種子，他慢慢變得樂觀、開朗起來。

一天夜裡，小男孩躺在床上翻來覆去睡不著，便想去院子裡走走。當他來到院子裡，卻看到了這樣一幕：父親正在院子裡給自己的小樹澆水施肥。頓時，他明白了一切 —— 原來一直是自己的父親在偷偷照料這棵小樹！

幾十年過去了，那瘸腿的小男孩最後取得了驚人的成就。你知道他是誰嗎？他就是美國前總統富蘭克林·羅斯福（Franklin Roosevelt）。

每當在教練式管理課程中提到這個案例時，我都會感嘆不已：是什麼讓這個身體上存在缺陷的小男孩重新獲得了面對挫折的能量？是什麼讓一個自卑、自棄的靈魂實現潛能突破，從一個普通的孩子成為一個偉大的總統？是那個默默無聞的父親。在孩子面前，他是一個偉大的教練式管理者。他從來沒有告訴小富蘭克林應該怎麼做、應該做什麼，他只是悄悄給了孩子信心和希望，讓孩子的潛能有了激發的契機。

我的部落格上也曾轉述過我的一位新疆好友的案例（她也是新疆地區的第一位 NLP 導師）。她正是在課程中受到我的鼓勵，才開始寫下來她的經歷和體驗，在這裡和大家共享：《意念創造生命的奇蹟》。

2008 年 5 月底，NLP 高階班結束後，我拿到了體檢報告，報告上的一項結果給了我當頭一棒：子宮頸癌前病變。因為需要做活體檢驗再次確定是哪個級別的，我買了第二天回新疆的機票，整整一天我都不停地用 NLP 導師教的身體意念療法找尋力量為自己打氣，告訴自己「沒關係、沒關係，我是一個健康的女人」。帶著這份忐忑不安的心情，開始到一家又一家的醫院就診，最終在媽媽的哭聲中我決定做手術。

接下來的每一天，NLP 導師的教導在我的耳邊迴響，我用老師的六秒冷靜法讓自己的內心平靜下來，靜靜思考，究竟發生過什麼事，讓我得了這樣的病？我開始在記憶裡搜尋過去一年的點點滴滴。

2007 年整整一年，我的身體在超負荷運轉，平均每天休息不到 4 小時。因為工作的原因，我需要在外地長住，我長期想念家人、盼望早日回家，只能每天用工作來壓抑回家的欲望，就像用繩索將自己牢牢綁死。身心不一的一年時間過後，身體向我抗議了，在提醒我：要好好愛自己了！

我的潛意識是這麼智慧，保護著我，愛護著我，心疼著我。當我讀懂自己的心時，我笑了，坦然接受身體給我的提醒，告訴自己，「我依然是一個健康的女人，從現在開始我要愛我自己，接受醫生的治療方法」，坦然面對我沒有愛自己而給自己帶來的任何代價和後果。

當我帶著一臉的笑容接受醫生為我安排的檢查時，周圍人都很不解，每天我都面帶笑容地出入病房，很多病人都在問我：「什麼時候手術啊？」我都笑著說：「快了。」

　　一天，我在放射科外面等著檢查，很多病人也等著接受化療，她們都戴著假髮，媽媽看到後難過地說：「女兒，以後妳也得戴假髮了。」我笑著說：「呵呵，太好了，我終於可以換不同的髮型了。」媽媽被我逗樂了，心情也輕鬆了很多，周圍的病人很驚奇地看著我們母女，但我也看到了嘉許和鼓勵，我默默祝福這些被癌症折磨的人們也能像我一樣坦然接受事實，開心面對每一天。

　　經過一系列的檢查，醫院確定了我的手術時間，由於我堅持保守治療，醫生用切除我的病變組織，保留我的子宮，讓我擁有一個做母親的資格，我相信我一定可以創造奇蹟。

　　7月11日早上，我懷著忐忑而複雜的心情走進手術準備室，看到裡面很多人都在排隊等候手術，護士小姐們忙著準備為每個病人打術前的點滴，我挽起衣袖緊張地把手腕伸給護士小姐，護士小姐看著我緊張的樣子叫我放鬆，此時的我心怦怦亂跳，結果一針紮下去位置偏了，得換另外一個手腕，這時的我頓時感到渾身的汗都直往下淌，加上幾天沒讓吃飯，一下子暈了過去。朦朧中我聽到護士對主刀大夫說：「這個病人今天可能做不了手術了，暈過去了。」我一聽，馬上開始用導師教的六秒冷靜法，調整呼吸，讓心情平靜下來，睜開眼說：「醫生，我要做，我只是餓了，好幾天沒吃飯了。」醫生被我的幽默打動了，於是決定還是當天做手術。我深呼一口氣，跟自己的內心做了一番對話：「我知道妳是個健康的女人，妳只是有個部位出現了病灶，切除了就 OK 了。妳願意接受治療，將來成為一個更健康的女人嗎？」我的內心呈現出親愛的 NLP 導師嘉許的目光說：是的，妳是一個健康的女人，相信妳可以做到的！

　　帶著這份力量，我被推往手術室，這段路走得好漫長，因為是

在最後一間手術室，一路上經過了最少十五道門，一路上我一直跟我的病變位置說話，告訴它我會面對它，我會將它從我的身體裡移走，謝謝它的提醒，讓我好好愛自己。

終於來到手術室，已經有五位醫生在那裡等著我了。看到他們，我微笑著與他們打了個招呼，感謝他們為我動手術，並告訴他們：我是一個健康的女人，現在身體有個位置出現了問題，請他們幫我切除了，未來的日子我會更加珍惜我的身體，做一個更健康的女人。他們被我的熱情感動了。因為手術是半麻，我有著清晰的意識，於是就和醫生聊我的 NLP，聊我的工作，告訴他們 NLP 是一個傳播愛的學問，告訴他們我未來的人生目標，所以請他們把我當作一個健康的女人看待，把病變組織切除乾淨，我很感謝他們的付出。在我的講述中，他們輕鬆地完成了我的手術，本來 5 個小時的手術，3 個半小時就結束了，醫生們都說：「這是我們這麼久以來做過的最輕鬆的一次手術，謝謝你的配合。」當聽到他們說手術很成功後，我靜靜地閉上了眼睛，深吸了一口氣，感謝自己這份勇氣。嘉許完自己後，我明白接下來才是真正的戰鬥。

手術後，如何才能令切除部位重新長好？我們的身體很神奇，因為很多部位切除後可以再生，所以恢復期是關鍵，於是，我開始運用 NLP 導師教給我的身體治療意念法，先讓自己平躺在床上，靜下來，用催眠術讓自己的全身放鬆，讓意識來到切除的病灶區，用意念跟我的子宮頸對話：我知道你剛才經歷了一場戰鬥，你受傷了，我相信你一定可以用最短的時間恢復成比原來的那個宮頸更漂亮、更完美、更光滑的狀態。我知道以前是我沒有照顧好你，從現在起，我開始關注你，你可以 15 天完全長好嗎？子宮頸說：可以。

我內心充滿了喜悅，接下來的日子，我每天跟它聊天，感謝它，鼓勵它，告訴自己是一個健康的女人，身體就這樣一天天在我喜悅的心情中恢復著，我的樂觀和接納帶領著我一步一步走向健康。

15 天後，醫生複診後說：「奇蹟，奇蹟，你的子宮頸口已經完全脫線，長成原來的樣子了！妳可以出院了，以後每 3 個月複查一次，堅持一年穩定後每年複診就好了。」

當我打包好行李、走出醫院的時候，我望望曾經這個讓我又懼怕又喜悅的地方，深深吸了口充滿陽光的空氣，告訴自己的身體：謝謝你，讓我從面對、接納、挑戰、平靜中找回一個真實的自己，從今天起我會更加愛我自己，珍惜這個身體。

就這樣，3 年了，每次複診指標都是正常的，我完全是一個健康的女人了。我成功了，我的意念戰勝了病魔，謝謝 NLP 導師，謝謝我的家人，謝謝我身邊每一個愛我的人，是你們的愛給予我無窮無盡的力量。

同時我也想告訴那些罹患癌症的朋友們：癌症並不可怕，可怕的是當它來臨的時候，你是否選擇用一個樂觀的心態和你的身體一起接受挑戰，你是否珍惜身體給你的提醒，你是否願意相信你完全有能力將這個魔鬼清出你的身體。

意念來自於人類的潛意識，潛意識的威力是無窮無盡的，它是保護你的天使，只要你願意，它就會發揮它的威力，相信它就是相信你自己，而你就是你生命中的「神」。

給自己或他人以正面能量的暗示，最終就能帶來奇蹟：「意之所在，能量隨來！」

在管理工作中激發員工的潛能，也是教練式管理者激勵員工不

斷超越自我、實現業績提升的不二之法。在一個宏偉的目標面前，管理者首先要讓員工相信自己，勇於挑戰自己，在迎接挑戰的過程中，一個人的潛能才能得到最大發揮。挑戰自己、超越自我是一個人開發自我潛能、進行自我完善的基本途徑，每一次挑戰都是一次自我進步，宏偉目標的實現正是基於人對自己的挑戰。因此，想要實現教練式管理，激發員工潛能、給予其適度的工作挑戰也是必需的。

最後，管理者要讓員工看到今天的自己比昨天更好

改變自己、超越自我並不是一朝一夕可以實現的事情，身為一個教練式管理者，切不可急功近利。不過，如果一直看不到改變，員工的積極性也會受挫。因此，管理者應該引導員工去發現「至少今天的自己比昨天更好」，這樣才能更好地激勵員工不斷超越自我，自主實現工作目標。

很多時候，看一個員工是不是更有發展潛力，不在於看他現在的工作能力多強、工作狀態多好以及工作中取得的業績有多好。一個優秀的教練式管理者更應該關注的是，如何讓員工今天比昨天做得更好，明天比今天做得更好。所謂教練式管理，就是透過設定強大有力的目標機制，不斷地激勵員工超越自我，用一種對現狀永不滿足的心態不斷努力，進而在工作中實現更大的突破，為團隊帶來更好的業績。

■ 利用教練式領導力打造「雁陣型團隊」

長久以來，企業一直推崇傳統的領導模式，就是按照「計劃、組織、指揮、協調、控制」的原則開展企業的管理工作。每一個管理者都希望自己的下屬能對自己絕對忠誠，就像在野牛群中其他野牛都服從於牛群首領一樣，無論首領讓它們怎麼做、讓牠們去哪裡，牠們都會乖乖聽話。實際上，許多公司的 CEO 都在扮演著野牛群首領的角色。

大部分的管理者都希望自己的員工在工作的時候能嚴格按照自己的部署來執行，並且要忠誠於公司，一心一意為公司服務。然而這僅僅是管理者的個人意願，是不可能控制整個企業的運作和發展的。野牛群只會效忠於牠們唯一的首領，牠們待在首領周圍，隨時聽候首領的差遣，一旦首領離開，野牛群就失去了核心，牠們再做任何事的時候都會毫無章法，一直等到下一個首領出現才能重新將野牛群凝聚起來。可以想像，野牛群之所以這麼快走向消亡原因就在於，首領一旦被獵殺，其他野牛也就難逃被獵殺的命運了。

因此，野牛首領式的領導方式已經不再能滿足當今日益激烈的市場需求了。如果企業還一直遵循這樣的領導方式，那麼員工只會變得故步自封，目光缺乏前瞻性，不能發揮工作的主觀能動性，只有在管理者做出命令和指示的時候才會採取相應的行動。身為掌握全域性的管理者，不可能了解到每一個工作的細節，也不可能對每一項工作都親自做決斷，更不可能對風雲變化的時局迅速做出反

應。如果每個企業都僅僅靠管理者來做決定的話，一旦管理者出現失誤或者決策不及時，企業都有可能在激烈的市場競爭中敗北，並很難在市場中重拾自信。

瓦爾克董事長是英國商業界鼎鼎有名的領軍人物，而此時他卻在辦公室裡焦急地踱步，看上去像有什麼大麻煩。他的公司在英國商業界一直都享有盛譽，英國各家財經雜誌都競相報導他的公司，媒體也都爭著讚美他的公司，公司的股價也一直很穩定。而他本人也很有魅力，出身於著名的倫敦商學院，深諳管理這門學問。

然而現在他的管理信心卻隨著年齡的成長而逐漸消退。他經常會靜靜地站在窗前思考：為什麼會發生這種情況，我不應該這樣啊。後來他又考慮：「再工作三年我就要退休了，要怎樣才能讓我剩下的三年時光過得更有意義呢？」

雖然外界一直看好瓦爾克公司的發展前景，但事實上，公司已經開始在競爭日益激烈的市場上站不穩腳跟了。公司所占的市場股份正在逐漸縮水，新產品的更新換代速度也落後於其他公司。即便公司現在依然擁有雄厚的資本作支撐，但是來自競爭對手的威脅越來越大。瓦爾克深知，如果不在公司中進行徹底的改革，公司內潛藏的許多危機都有可能導致公司的滅亡。事實上，已經發生了許多不可預料的情況，而瓦爾克面對這些情況卻束手無策。

儘管瓦爾克非常清楚公司目前的狀況不容樂觀，也知道如果公司不迅速進行改變，將面臨更加糟糕的狀況，但他很快就發現以前嫻熟於心的許多先進的管理理論在公司所面臨的困境面前發揮不了作用。

但瓦爾克仍然嘗試進行有效的變革，在過去的兩年裡他一直在想方設法地提高產品的品質、改善服務、提高團隊的合作意識，並

且對公司的組織結構也進行了相應的調整，對公司的管理層也進行了精簡。儘管做出了如此多的努力，依然沒有改變市場占有率不斷下降的趨勢。相反，競爭對手卻一直保持著不斷發展的強勁勢頭，公司為了挽救市場占有率不得不一再降低產品的價格。

瓦爾克回想起自己剛剛創業的時候面臨著這麼多的困難都沒有退縮，在創業路上不斷披荊斬棘，最後終於獲得了如今這樣大的成就。而此刻，面對公司所面臨的困境他卻無能為力了。

只要一提到創新和變革的想法和措施，任何一個人都能誇誇其談，但卻很少有人能將這些想法和措施付諸實踐。隨著經濟的迅速發展和商業競爭越來越激烈，幾乎所有領導者都面臨著提高領導力的挑戰。要做一名成功的管理者就必須尋求一種全新的領導模式，讓企業能夠不斷適應日益變化的社會環境和市場環境。

要想使一個企業保持強大的生命力和戰鬥力，管理者就應該具備卓越的領導力。但是企業更需要一群既能夠互相之間團結合作，又能夠獨立完成工作的員工。就像雁群一樣，牠們在天空中列隊飛行，並可以隨時轉變隊形，讓每一隻大雁都能夠輪流掌握領航權。不管雁群往哪個方向飛行，由於每一隻大雁都有領航的本領，不管哪一隻大雁受傷或者離開雁群，整個雁群仍能夠保持正常飛行。

大雁還可以根據時局的變化不斷調整自己在雁陣中的位置，每一隻大雁既可以是領航者，又可以是跟隨者。當在飛行過程中出現新情況時，雁群們就會對牠們的陣型進行調整。在生物學研究領域，雁群這種相互之間團結合作、彼此信任的飛行方式，不僅可以讓雁群保持最快的飛行速度，而且最省力，為雁群的長距離飛行積蓄力量。

將野牛型和雁陣型的領導模式進行比較可以發現，野牛型的領

導模式是組織獲得成功的最大障礙。身為新時代的管理者，要學會摒棄傳統的領導模式，擺脫以往那種唯我獨尊的管理者形象，幫助每一位員工提高自身能力和素養，讓每一位員工都能在工作中獨當一面，實現企業的組織結構從野牛型到雁陣型的完美轉變。我認為雁陣型的領導模式主要展現出了以下幾個原則，如圖 2-2 所示。

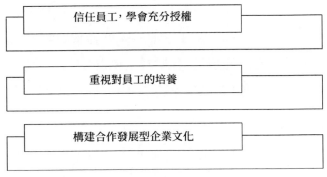

信任員工，學會充分授權

重視對員工的培養

構建合作發展型企業文化

圖 2-2 雁陣型團隊

●（1）信任員工，學會充分授權

在雁陣型領導模式中，管理者要學會授權，為員工和下屬的工作掃清障礙，讓他們能夠盡情地發揮自己的主觀能動性，獲得自豪感和成就感。企業允許員工進行自主管理就是對基層的一種充分授權。管理者要努力為員工營造一種輕鬆自由的工作環境，讓他們能自主進行思考並自由表達，鼓勵員工大膽進行嘗試。

但我們所講的大膽授權並不意味著要放任你的員工，充分授權實質上就是一種充分管理的結果。作為一名管理者，當你充分授權給你的員工和下屬的時候，不要忘了為他們提供更完善的支持和指導，幫助他們做出最正確的選擇；否則的話，企業就會陷入無政府狀態，組織結構會更加混亂。

●（2）重視對員工的培養

管理者應該意識到員工並不是一臺循規蹈矩、按部就班的機器，每個人都有自己獨特的想法，員工的工作能力和知識素養對於公司的發展至關重要。因此，管理者必須加強對員工的培養和指導，親自對員工進行現場指導，幫助他們改正錯誤、提高自身技能。

這裡必須要強調的是，在對員工進行指導的時候，管理者要避免「家長式」的指導方式。要注意指導的場合和細節，保護員工的工作熱情和工作信心；選擇合適的方法提高員工的工作能力和知識素養，發揮員工的主觀能動性，充分挖掘他們的潛能。

●（3）構建合作發展型的企業文化

如何讓企業一直保持高效的運轉模式、健康持久地運轉呢？管理學大師彼得·杜拉克曾經向我們描述他所想像的畫面：管理者要時刻立足於市場，隨時把握市場環境變化的風向球，並根據市場的變化不斷調整策略方案，讓企業的發展始終保持在領先水準。當然管理者除了時時關注市場的變化之外，還要關注企業內部。由於企業中的每一位員工都在工作中得到了合理的安排，他們都能按時獨立完成工作，並與管理層保持密切的連繫。因此相對市場環境而言，企業內部的情況並不是管理者關注的重點。

在這種合作發展型的組織結構中，無論是管理者還是員工，都能夠進行自我管理，雙方建立起了良好的合作發展機制，不斷發揮著各自的特長和優勢。這種合作發展型的組織結構就在企業中形成了一種特有的文化氛圍。管理者可以集中精力進行市場調研和產品創新，讓企業始終保持不斷上升的發展態勢。

GROW 教練模型：目標、現實、選擇、意願

GROW 模型（Goals, Reality, Option, Will）是 NLP 教練技術領導力訓練中非常有效的一種工具，在教練式管理中會經常用到，如圖 2-3 所示。它能夠幫助管理者有效培養和輔導自己的員工，透過目標的設定和尋找解決問題的方法來幫助下屬成長。該模型最早出現在《高績效教練》（*Coaching for Performance*），是由該書的作者約翰·惠特莫（John Whitemore）提出來的，它一經出現後便被廣泛應用於各種管理培訓課程中，成為了大部分世界 500 強企業的管理者必學的思維模式之一。比如 IBM 公司主張由經理來培養和輔導下屬，而其所用的思維模型就包括 GROW 模型。

在運用 GROW 教練工具之前，教練式管理者應做什麼？

GROW 模式是如今在外商中非常流行的一種教練模式，在 IBM 公司、麥肯錫諮商公司等外國企業中都被廣泛運用和推廣。它透過問答的方式，確定 GROW 這個詞語所代表的 Goal（目標）、Reality（現實）、Options（選擇）、Will（意願，即行動計畫），進而尋找解決問題的方法。透過在教練式培訓課程中對這一工具的運用，我認為，其有著自己獨特的價值和運用領域，值得教練式管理者深入學習。不過，我們首先來看看，在運用這一教練工具之前，教練式管理者應該做些什麼。

G.R.O.W（目標、事實、選擇、意願）輔導模式

目標（Goal）

建立目標
- 今天主要想談些什麼事？
- 你希望談出什麼樣的結果？
- 我們應該如何確定目標？你怎麼看？
- 目標是積極、有挑戰性而且可達成的嗎？你會如何衡量？
- 你想何時達到？
- 你對目標的個人控制力有多大？
- 有什麼樣的里程碑？

意願（Will）

達成意見
- 接下來你打算怎麼辦？
- 在這些方法中，你傾向於哪一種？
- 什麼時候開始？什麼時候做完？
- 除了以外，還需要誰的幫助？
- 你覺得可能會有什麼樣的困難和阻力？你打算如何面對？
- 我們之間需要如何溝通跟進？

現實（Reality）

了解現狀
- 現在情況怎樣？發生了什麼？
- 為解決問題，你採取了哪些措施？結果又怎樣？
- 請舉出例子來證明你的判斷、想法？
- 還涉及了誰？
- 你如何評價現狀？假如需要打分的話，你現在會給出多少分？

選擇方案（Options）

討論方案
- 我們該怎麼解決這個問題？
- 有什麼選擇？更多的選擇是哪些？
- 你覺得別人會怎麼做？
- 我提個建議好嗎？
- 我以前見過別人在這種情況下……你覺得對你有啟發嗎？
- 還有誰能幫忙？

圖 2-3 GROW 模型

　　在這裡，我要問一個問題：什麼是教練？與培訓師、顧問相比，教練有什麼不同之處嗎？說簡單一點，教練是不會給學員答案的，只是透過巧妙地設計對話，幫助學員自己尋找管理之道和解決問題的方法。與之相比，培訓師側重於幫助學員掌握某些管理技能，而顧問會直接將自己認為正確的答案說出來。

　　教練需要激發學員隱藏的潛能，在相互信任、輕鬆愉悅、安全的前提下，引導學員與教練之間產生內在的智慧溝通，從而幫助學員覺醒，找到清晰的思路和很好的解決方法。因此，我在這裡要強調的是，在運用 GROW 模型之前，你首先要進入教練狀態，說白了就是和學員建立親和關係，創造尊重、信任、真誠的溝通環境。

　　因為只有在這種環境下，學員才會感受到心理安全，從而放下

潛意識裡的防備心理，和教練一起進入探索內心的對話旅程；也只有這樣，教練才能深入學員的內心，透過恰當的提問，引導對方尋找靈感和最棒的點子。在我所經歷的教練式培訓中，我深刻意識到，一個教練式管理者水準的高低 90% 以上取決於他的教練狀態。

那麼，接下來我們要面臨另一個問題：怎樣才能進入教練狀態呢？這個問題並不難。想像一下，當你非常信任和尊重一個人時，你的說話語氣、表情、姿態是什麼樣的，然後就以這樣的狀態對待你的學員。不過在具體實踐時，保持這種狀態並不是一件非常容易的事情，所以你需要時常提醒自己並且經常練習。

身為一個教練式管理者，當你在你的團隊或公司這樣做時，你會發現自己學到的不僅僅是一種方法，更是推行了一種了不起的文化和理念，那就是欣賞、信任和尊重。想一想，隨著這種文化在整個團隊或公司的推廣，員工又怎能不進步呢？整個團隊或公司的業績又怎能不提升呢？

GROW 模型應該如何應用？

想要運用好 GROW 模型這一教練工具，需要分四個步驟走。

（1）G，即 Goal，也就是目標。教練式管理者需要透過提出一些啟發式的問題，來引導員工尋找自己真正期望的目標，讓員工明確應該做什麼，要達到什麼程度，什麼時候完成。

（2）接下來就要走進 R，即 Reality，也就是事實。既然已經確定了目標，接著就是要圍繞目標找出相關的事實真相，包括自己已經具備的資源優勢、實現目標還存在哪些困難和阻礙等。在這個過程中，教練式管理者需要幫助員工拓展自己的思路，盡可能深入地

挖掘出自己能夠找到的維度和內容，發現更多的可能性。

（3）接著就是 O，即 Option，也就是選擇方案。透過上一步的挖掘思路和尋找更多的可能性，接著就是引導員工去尋找和選擇最好的方案了。

（4）最後一步是 W，即 Will，也作 Wrap-up，也就是進行總結與採取具體行動。在具體實踐過程中，在明確了工作步驟之後，就該是達成意願的時候了。教練式管理者應該盡量採取各種激勵方法，深入激發員工的熱情，促使其行動起來，幫助員工明確「4W」，即什麼事（What）、什麼時候 (When)、誰（Who）以及決心（Will）。而且，在此之後，管理者應該對員工的行動進行檢查和支持，並且給予階段性的輔導，以幫助員工實現最終目標。

為了讓大家弄清楚 GROW 模型在具體運用中是如何解決問題的，我們來看看下面這個案例。

某公司正在開展一個關鍵專案，可是研發工程師因為家人突然抱病而離職了。為了不影響這一專案的進展，研發總監要求人力資源部在一週之內找到合適的人選。而當人資經理將這一工作任務發布下去後，發現大家都是一副為難的表情。顯然，在這麼短的時間內，想要找到合適的人選並不是一件容易的事情。這時候，人資經理便採取了 GROW 模型，用問答的方式和下屬員工溝通該應徵工作。

● **第一步：Goal，目標確定**

⊙ 務必在最短時間內找到一個合適的研發工程師，這是我們的最
  終目標，是嗎？

⊙ 在實現這一最終目標時，可以設定哪些階段性目標？

⊙ 完成階段性目標的過程中，需要設定哪些時間節點？

● **第二步：Reality，現狀分析**

⊙ 公司現在的應徵情況怎樣？

⊙ 要實現最終目標，我們還存在哪些困難和障礙？

⊙ 目前公司擁有多少應徵資源和管道？

⊙ 若是需要和競爭對手「搶人」或者對合適的人選「挖牆腳」時，我們具備哪些優勢？

● **第三步：Options，方案選擇**

⊙ 如何解決提出的困難？

⊙ 如果想盡快完成任務，我們可以進行什麼樣的嘗試？

⊙ 怎樣才能更好地利用公司已經具備的資源優勢？

● **第四步：Wrap-up，總結與具體行動**

⊙ 為了實現目標、盡快完成任務，我們還需要拓展哪些應徵管道？對於這些應徵管道怎樣更好地運用？

⊙ 根據以往的面試錄取率，每天面試多少人、篩選多少份履歷，才能達成目標？

⊙ 大家還需要公司提供怎樣的支持和幫助？

透過這種教練式的引導和溝通，在人事經理的提問下，大家都積極思考，不斷擴充整體思路，很快就討論出了完成這個任務的幾個難題：任務時間緊；該職位的薪資水準並不高；需要該類型人才的競爭對手較多。

　　對公司現有的資源優勢進行分析後，該人資團隊最終確定了應徵管道：公司候選人才庫＋內部推薦＋徵才網站搜尋＋社群網站應徵；而公司「搶人」時具備的優勢是：該專案在公司內的重要地位、任職後該職位在公司有較大的發展空間、公司會為入職者提供優厚的補貼；進行總結和制定行動計劃的結果是：先由研發總監確定職位的核心要求，確定每個應徵管道的時間分配，每天需要蒐集的面試人數、簡歷數、複試人數等數據指標。與此同時，大家還確定了下一次溝通的時間、跟進流程、資源支持、核查點等內容。

　　透過這個例子我們可以看到，在運用 GROW 模型的過程中，管理者應該做到積極傾聽、提出問題、鼓勵讚賞、引導思考、給予回饋、達成一致。只要掌握了這六大技巧，就能夠將 GROW 模型運用純熟，從而幫助下屬員工確定工作目標和核心問題，利用大家的發散性思維和創造性，找出解決問題的最佳方案。

　　透過這個案例中對 GROW 模型的實際運用，我們也能看到：對於教練式管理者而言，GROW 模型確實是一種高效的教練管理工具。每一位管理者都可以在具體的管理工作中運用 GROW 模型，去引導和幫助下屬解決問題，從而實現預期的工作目標。身為一個優秀的教練式管理者，如果你有意願提高自身的教練能力，不妨針對自己的下屬或員工，運用 GROW 模型的四個步驟進行一次教練實踐，相信你肯定能夠從中體會到 GROW（成長）的力量！

管理者的自我修練：培養教練式領導力的方法

企業管理者和體育教練看似是兩個完全不相關的職業，但其實兩者在各自團隊中所擔任的角色有一定的相似之處。企業管理者無法做到每件事都親力親為，體育教練也不可能親自上場參加比賽，他們都需要激勵、指導一個團隊，透過團隊的順利執行來保障目標的實現。

組織行為學大師保羅·赫塞（Paul Hersey）和著名商業領袖肯尼斯·布蘭查德（Kenneth Blanchard）曾經給「領導」進行了定義：「領導就是與他人一同工作並實現某個工作目標。」舉世聞名的領導力專家約翰·科特（John Kotter）認為，領導是一個過程，在這一過程中透過一些不易讓人察覺的方法，鼓勵著團隊成員朝著某個共同目標奮進。由此我們可以得出，一個教練的行為和做法就是對「領導」的最好闡釋，只是他們的做法更加特殊化、具體化罷了。

企業管理者與領導最大的不同就在於，教練與運動員的關係往往更加私人，也更加親密。「教練」一詞在英文中的原意是一種馬車，作為動詞的「Coaching」就是指將一個有能力的人送往目的地。教練的最終目的不僅僅是為了實現目標，更是為了發掘運動員和團隊的潛質，幫助運動員和團隊在達成目標的過程中實現成長。

隨著商業競爭愈演愈烈，教練式管理模式的優勢日益突顯出來，過去那種只關心如何利用員工的最大價值來實現企業利潤的管理模式開始面臨被淘汰的境地。因此，企業管理者要學會順應時代

發展潮流，重視員工能力和素養的培養，與員工建立起親密的夥伴關係。如何幫助員工實現個人價值，同時使團隊獲得更大的價值？對於這一個問題，每一位優秀的領導人都應該做出滿意的回答，這也是每一個出色的教練每天都會思考的問題。

在內部競賽中獲勝

前文講過網球教練提摩西·高爾威的故事，當時他的這種領導方式也同樣引起了 AT&T 公司的關注，於是他被請到公司為經理們上課，經理們將他講述的如何教運動員打網球的模式自動轉變成一種有關企業管理的東西。他所授課程不僅讓公司的經理們學到了全新的管理觀念，他自己也從中獲益匪淺。在接下來的幾年時間裡，提摩西·高爾威先後出版了《網球的內在遊戲》、《高爾夫的內在遊戲》和《贏的內在遊戲》等暢銷書，並在當時轟動一時。在此基礎上，他創立了專為企業管理量身打造的企業教練服務公司，取名為 The Inner Game。隨後，蘋果、可口可樂和 IBM 等公司都先後邀請他去公司進行教練培訓。

在他的這些暢銷書中，他向人們傳達了這樣一個核心理念：無論我們面對的是體育競賽還是在工作方面的競賽，在我們的思想裡都有一個內部競賽，對這種內部競賽的重視程度決定了我們外部競賽的輸贏。外部競賽是一種客觀的競賽，存在於外部賽場，競賽的目的是為了打破障礙，實現外在的目標；相反，內部競賽則是一種主觀的競賽，存在於競賽者的思想領域，競賽的目的是為了克服心理恐懼、懷疑以及不自信等心理障礙，充分利用各種激發潛能的方法，從而在內部競賽中獲勝。

　　無論是在網球場上的競賽、高爾夫球場上的競賽還是在商場上的競賽，克服內心自我矛盾的方法都是類似的。如果一個人懂得如何調節心情、集中注意力，那他在任何活動中都能遊刃有餘、獲得快樂。不管是在運動場上還是在商業競爭中，我們獲得成功的經歷和過程都被稱為競賽狀況。

　　教練在競賽中發揮的作用就是幫助員工意識、理解內部競賽，從而贏得內部競賽，為外部競賽的勝利打下基礎。教練的過程就在於幫助員工克服一些內在的障礙 —— 比如害怕失敗、反對變化、煩惱和壓力等。總而言之，教練的角色就是幫助員工意識限制自己更加優秀的障礙；相應地，教練式管理模式的關鍵就是幫助員工發掘自身潛能，克服自身恐懼，實現自我突破，進而實現自我勝利。

打造一個和諧的團隊

　　要做好一個團體運動教練，最關鍵的就是要打造一個和諧的團隊。要打造一個好的團隊就要走好三步：第一步，發揮每一個隊員的優勢；第二步，使隊員間相互配合，達到 1 ＋ 1 ＞ 2 的效果；第三步也是最重要的一步，就是加強隊員的團結合作能力，增強團隊凝聚力，發揮整體的優勢。有關團隊建設的相關內容，世界第一運動 —— 足球為我們提供了許多精彩的案例。每一位成功的足球教練幾乎都是一個出色的團隊建設者。或許正因為這樣，著名的足球教練穆里尼奧所創造的《葡萄牙製造》曾成為眾多企業管理者競相追捧的對象。

　　切爾西隊主教練穆里尼奧與以往那些擁有職業運動員生涯的足球教練最大的不同就在於，他並沒有很高水準的球技，相反，他的足球

水準極差，就算在父親領導的家鄉小球隊中也無法成為主力。這種境況之下要成為一個足球教練來說本來就很不易，更別說要讓許多已經成為球星的球員對他心服口服了。

一個 CEO 的平均收入往往是普通員工平均收入的 500 多倍，然而體育教練們卻面臨了這樣一個難題：要管理一群收入遠遠超過你的明星員工，這並不是一件易事。義大利的金牌教練卡佩羅就很重視這一問題，他認為自己要想在球隊中樹立起權威，收入就應該比球員要高，就算是象徵性地多出 1 歐元也好，但這個願望在足球界根本是無法實現的。

人們如果能夠站在這一角度看待穆里尼奧的做法的話，或許就能夠理解了。穆里尼奧不斷透過一些瘋狂的語言和行動來吸引媒體和球迷的注意，將自己置於風暴的中心。狂傲自大已經成為很多人對穆里尼奧的定位，但這或許只是穆里尼奧跟人們玩的一場心理戰。

事實上，穆里尼奧最吸引球員的是他的勇於擔當，他竭盡所能為球員打造一個盡可能輕鬆的環境。在比賽開場之前，他總是會發表一些講話，講話內容或是輕視對手，或是故意示弱，但無論怎樣，他都是為了讓球員放鬆心情、安心比賽。在一次客場比賽中，穆里尼奧提前一個半小時進了球場，收到了 8 萬名球迷長時間的噓聲，他回到更衣室後卻笑著說：「我已經享受了我的那一份，接下來就是你們的了。」然而等球員們進入球場之後，球迷們已經沒興趣噓他們了。

儘管穆里尼奧給外界留下的都是狂妄自大、很難接近的印象，但穆里尼奧在球隊裡卻一直堅持在坦誠和直接的情況下與隊員進行溝通。在第一堂訓練課上，他就向隊員承諾：無論總教練做出什麼樣的決定，只要與球員有關，一定第一時間通知本人。

穆里尼奧不僅經常與球員進行坦誠的溝通，私下他們也一直保持著良好的關係。在某位球員受傷進行跟腱手術的時候，他一直全程陪同，或許他是唯一一個能做到這樣的教練。他曾在回憶錄中寫道：當我鼓足勇氣站在手術室中，聽著鑽頭打入骨頭發出的那種令人毛骨悚然的聲音，聞著被切除出來的肌腱散發出來的異味的時候，更加深刻地體會到了球員在比賽時所冒的風險，也更能讓我時時站在球員的角度去看待比賽，分擔他們的壓力。正是因為他與球員之間建立了這種和諧融洽的關係，所以即便球隊處在最低谷的時候，穆里尼奧仍然能得到球員的尊重和信任。

領導是一種身體接觸運動

馬歇爾·葛史密斯（Marshall Goldsmith）和霍華德·摩根借用體育訓練，將「領導」這一虛無的概念定義為一種「身體接觸的運動」。這一定義包含了兩個方面的含義。

● (1) 領導是一種技能，可以透過有意識的訓練來掌握

當然，像任何運動技巧一樣，要掌握好領導這一技能，也需要堅持不斷的練習和長期的累積，最終形成一種習慣。僅僅依靠幾次重大事件是不可能形成領導力的。如果企業管理者能夠意識到這一點，那麼他們就不會坐在辦公室裡空等領導力提升了，正如你不管看多少遍健身錄影帶，只要你不親身實踐，就永遠也不可能擁有一身結實的肌肉一樣。

● (2) 領導是企業管理者與員工之間直接的接觸

一個高高在上、整天端坐在辦公室裡的企業管理者是很難發揮領導力的。這種情況是不可能存在於教練與運動員之間的，他們之

間總是保持著一種親密的關係，運動員不可能遇到一個不去蒞臨指導的教練。但在企業中，領導者整天坐在辦公室裡思考企業策略，這種情況卻是司空見慣的。

現在市場上充斥著許多關於領導力的書籍和數據，領導力專家們的講座也可以隨處聽到，但是為什麼領導力的缺乏仍然會成為困擾國內企業發展的一個重大問題呢？或許我們可以這樣來理解：企業管理者並不是說不懂怎樣去領導，而是在實踐的過程中出現了問題。

如果你不能很好地理解教練的定義，那我們不妨來談談私人健身教練，因為我們這裡講的教練的職責與私人健身教練很像。一個好的私人健身教練最主要的任務不是告訴受訓者應該怎麼做，而是應該不停地叮嚀受訓者將已經知道的事情反覆去做，直到形成習慣，這同樣也是教練應該做到的。

哈佛商學院教授史考特·斯努克（Scott A. Snook）回憶他在中學參加籃球訓練營時的情景，他的教練是當時以嚴格著稱的鮑勃·奈特（Bob Knight）。在訓練的時候，他們連籃球都沒有摸過，奈特讓他們做的只是反覆地做防守站位練習，斯努克和同學們當時並不理解這種重複動作有什麼好處，後來他在哈佛商學院的領導力課堂上體會到了這種訓練方式的神奇之處。他說，工作中的許多技能只有透過反覆不間斷的練習才能掌握，然而就是這麼簡單的事情，絕大多數人卻不會選擇去做。斯努克說奈特的訓練雖然沒有讓大家直接掌握籃球技巧，但是每一個人都成了優秀的防守運動員。教練式領導的精髓也就在這裡，它並不是為了直接培養你學會某種技能，而是首先幫助你成為一個更好的領導者，或者說更好的員工、更好的人。

第三部分

教練型團隊：如何運用教練技術訓練與輔導下屬

在企業內部建立教練型團隊的方法

企業教練既是一種行之有效的操作技術，也是一種先進的企業文化，教練文化的發展需要企業中有一批具備教練技術的管理者在日常管理工作中運用教練技術，透過持續的企業教練實踐，打造教練型團隊和教練文化。而建立教練型團隊最先要做的就是要建立企業內部的教練型團隊。

什麼是企業內部教練型團隊

企業內部教練型團隊可以說是教練型團隊的核心，團隊的成員應包括企業的高層、中層和基層負責人，需要具備合理的人員機構配置。引入企業教練技術的初級階段，就是要把企業內部教練型團隊成員培訓成教練，以此為基礎普及教練技術。企業內部教練型團隊的責任如下。

1. 與外部的企業教練培訓機構配合，培育企業內部教練，致力於把企業高層管理人員培育成企業教練（或導師），把企業中層、基層管理人員培育成管理教練。

2. 對企業內部新升遷的管理者進行跟進式的教練技術培訓，讓新升遷的管理者也成為管理教練。

3. 擔當企業內部跨部門中、高層經理的行政教練，保證企業內部各部門經理都配備專門的行政教練。

如何建立企業內部教練型團隊

組織的成員都具備教練能力是教練型團隊的重要前提，而發展組織成員教練能力的過程存在著一個轉換組織角色的問題。把企業組織內現有的領導者和管理人員轉化為企業教練或者管理教練，這就需要建立起企業內部的教練型團隊，建立企業內部教練型團隊的過程主要包括以下步驟。

● 第一步：選拔教練型團隊成員

企業內部教練型團隊是建立企業教練型團隊的中堅力量，所以內部教練型團隊的成員必須是該企業的菁英分子，在實踐中通常會選擇意願度高的管理人員、重要部門負責人、出色的業務等人員來組建內部教練型團隊。

企業教練文化的形成一般是自上而下的，教練型團隊的建立也是一個上下貫通的過程，所以，企業內部教練型團隊的成員也應當由企業組織結構的高層、中層和基層管理者三個層面的人員構成。教練型團隊的人員配置比例為：高層 20%、中層 40% 和基層 40%。

● 第二步：培育企業內部教練

企業內部教練型團隊建成後的首要任務就是配合外部的企業教練培訓機構培育企業內部教練，在企業內部普及企業教練技術和教練理念，這一階段的主體工作就是培訓教練技術，教練技術的培訓主要包括四個方面。

（1）領導力教練培育計畫（LCP）

對企業的高層（決策層）管理人員進行教練型領導的高效對話能力、教練組織架構、領導力教練技術的運用方法三方面的培訓。

（2）管理教練培育計畫（MCP）

　　對企業的中層和基層（執行層）管理人員進行管理教練的高效對話能力、由目標到成果的教練架構和教練管理技術的運用方法三方面的培訓。

（3）行銷教練培育計畫（SCP）

　　對企業的行銷團隊開展行銷教練的高效對話能力、價值行銷的教練架構和行銷教練技術的運用方法三方面的培訓。

（4）NLP 及九型教練培育計畫，即 NCP 和 ECP

　　為了幫助管理人員根據不同員工的特點進行管理，還要對企業的管理人員進行識別各種型格員工的智慧優勢、識別性員工的溝通架構和管理方法的培訓。

● 第三步：教練型團隊進階訓練

　　因為企業內部教練型團隊是企業建立教練型團隊的中堅力量，所以教練型團隊的成員在接受企業內部教練系列培訓之外，還需要接受教練技術的進階訓練，進階訓練主要包括進行專業教練能力、專業教練技術和教練工具培訓的企業專業教練訓練和培育企業內部教練導師的導師教練訓練。比較而言，進階培訓具有更強的專業性。

● 第四步：教練型團隊教練實踐規劃

　　教練型團隊的建立最終需要進入教練實踐層面。教練實踐的第一步就是制定企業內部的教練方案。企業內部的教練方案通常分為兩類：一種是一對一的教練方案，其中包括跨部門管理的教練方案

和部門內垂直管理的教練方案；另一種是組織教練方案，根據教練專案的要求分成不同教練小組的，需要制定企業內部各部門之間的教練方案。

● 第五步：企業內部教練測試

教練方案制定完成以後，教練型團隊就需要在企業內部選擇教練測試部門，並按照培訓、提煉、固化的循環流程進行教練測試。教練型團隊需要把測試部門打造成教練型團隊和教練文化的範本，並在測試成功後，總結出成熟的模板，向企業內部的其他部門普及推廣。

企業內部教練型團隊的使命

企業內部教練型團隊建設的成功與否，是決定企業是否能夠建立教練型團隊和教練文化的關鍵所在，所以教練型團隊的建設過程中要始終強調團隊的使命意識。企業內部教練型團隊的使命包括以下幾個方面。

1. 傳播企業教練理念，讓企業的教練理念取得企業每一位管理者的認同，讓企業每一位管理者都充分意識到自己的責任和對下屬進行教練管理的價值所在。

2. 對企業的管理者進行企業教練技術的應用指導。教練技術是一種操作性的技術，教練理念很重要，但教練技術的應用才是所有工作的出發點和最終目的。企業內部教練型團隊應當幫助企業的每一位管理者，使其都能夠高效地運用教練技術對下屬進行教練和輔導，進而創造更好的業績。

3. 幫助企業打造教練文化，讓組織認同教練理念、具備教練技術，幫助組織取得教練成果，進而形成各具特色的組織教練文化。

如何管理知識型的員工是我們需要面對的世界性的管理難題，在傳統的管理模式變得日益低效的形勢下，組織教練方式為我們提供了新的管理思路。

建立教練型團隊與教練文化的五階段

　　企業建立教練型團隊，就是把團隊管理者訓練成合格的教練，運用教練技術來輔導和培訓下屬；教練文化則是指團隊內部的任何一名管理者都應該善於開發員工的能力與智慧，並以此為團隊創造更多的價值。

　　教練一詞雖常運用於體育運動，但如今已經成為企業管理領域的新寵。自 1980 年代全球進入知識經濟時代之後，眾多世界知名企業都開始在企業內部培養教練，如摩托羅拉（Motorola）、IBM、微軟（Microsoft）、奇異、美孚石油、福特汽車等都是教練技術的最早實踐者。如今，經過多年的探索與實踐，一些知名企業已在企業內部形成了系統的教練型團隊和教練文化。

什麼是教練型團隊

　　教練型團隊主要表現在三個方面：推廣和普及教練技術；在團隊內部建立教練制度；設立內部教練培育機制。

　　教練型團隊可以說是知識經濟的產物，表現形式為企業內部教練機制，其管理對象是知識型的員工。

　　人類社會發展的不同時期有著不同的經濟形態，而不同經濟形態下的管理角色、管理對象、管理模式、管理焦點等都各有不同，而且隨時會發生變化。

第三部分
教練型團隊：如何運用教練技術訓練與輔導下屬

●（1）管理對象變化

農業經濟的管理對象是土地，工業經濟的管理對象是機器，而知識經濟的管理對象是人的大腦，因此在知識經濟時代，企業管理的核心應該是如何管理知識型員工。

●（2）管理模式變化

工業經濟的管理模式是科學管理，流程化與標準化是其關注的主要內容；而知識經濟的管理模式是價值管理，個性化和架構化是其關注的主要內容。

當創造生產價值的主體變成了員工的智慧而非機器時，企業自身對管理模式也將提出新的要求，即如何激發個性化員工的智慧。

●（3）管理焦點變化

工業經濟的管理焦點是增強效率，而知識經濟的管理焦點則是提升效益。

●（4）管理角色變化

人類社會發展的幾千年來，管理者擔任的更多是監督角色，監督他人是其主要職責；自 1980 年代始，領導角色成了管理者的主要角色，其職能就是領導團隊；而從 90 年代開始，管理者則應該更多地轉變為教練角色，以協助他人為主要職責。

經濟形態的變化致使管理角色發生變化，而管理角色變化背後所隱含的深意是，勞動者將從幾千年來一直持續的被動工作狀態轉變為主動工作，這也是教練式管理的魅力所在。因此，建立教練型團隊對企業的未來發展至關重要。當管理者成為教練，並且將教練

技術不斷地推廣和運用於下屬員工時，員工們的智慧將會得到整體激發，從而為企業帶來更多的價值。

什麼是教練文化

教練文化就是企業內管理者充分激發員工智慧，使員工主動為公司創造價值的文化制度。教練文化應該建立在企業內部的教練機制之上，教練型管理者能夠透過教練技術激發員工的潛能和智慧，引導員工主動實現自身的價值最大化，為企業創造價值。

教練文化主要表現為以下幾方面。

1. 企業員工有充分的責任感和覺悟：員工在工作過程中會主動創造、主動思考，並勇於承擔責任，而且清楚自己需要做什麼，以及應怎麼做。
2. 企業員工是基於自己的承諾去行動，而非上級領導的命令：當企業員工充分了解事實，並且了解如何實現目標時，就勇於做出承若，並積極行動。
3. 上司與下屬之間有良好的教練關係：上司與下屬之間的對話是以事實為基礎的，而面對事實就能減少爭議，建立融洽的教練關係。
4. 上司對下屬的支持與訓練已成為工作常態：對下屬的支持與訓練已經成為上司工作的一部分，而且是隨時隨地展開的。

教練型團隊與教練文化的關係

教練型團隊是一種管理模式，是一種制度，不需要太長時間就能建立起來；而教練文化是在企業構建完成教練型團隊後，在企業內部形成的獨特氛圍，其形成一般需要相當長的時間。

　　教練型團隊與教練文化之間的關係是相輔相成的，教練型團隊是形成教練文化的基礎，而教練文化的形成能夠促進教練型團隊發揮積極作用。

如何建立教練型團隊與教練文化

　　在知識經濟時代，在企業內部建立教練型團隊並逐漸形成教練文化，這是大勢所趨。那麼，企業應該怎樣建立教練型團隊與教練文化呢？這個過程大體上要經過五個階段，如圖 3-1 所示。

圖 3-1 建立教練型團隊與教練文化的五階段

● （1）第一階段：選擇一個合適的企業教練服務機構

　　教練不僅僅是知識經濟時代的新理念，更是適用於新時代企業管理的一種技術。既然是技術，就需要遵循有效、實用、操作簡單的原則，而且具有較強的專業性，因此往往不是在企業內部就能獲得的，而需要借助於外力。企業應當選擇一個專業的教練服務機構，它能根據企業的實際情況有針對性地搭建教練架構。那麼，怎樣選擇一個合適的企業教練服務機構呢？

　　A. 專業性：是否能為企業提供專業的教練服務？

　　因為教練技術具有專業性，所選擇的企業教練服務機構一定要具備相應的專業能力。

B. 技術性：是否具備企業內部教練培育系統（ICCS）？

企業教練技術的技術性非常強，教練服務機構的構架性和個性化經營都會展現出它的針對性，企業應該根據自己的需要做出選擇，比如讓企業高層（決策層）成為企業教練：「企業教練培育計畫（CCP）」；讓企業中層（執行層）成為管理教練：「管理教練培育計畫」；培育企業內部教練、導師：「導師教練培育計畫（TMCP）」等等。

C. 實操性：之前是否操作過教練專案？

了解教練服務機構之前服務過哪些企業、哪些專案，這一點尤為重要。實際上，目前能夠操作教練專案的教練機構並不多。

D. 教練型團隊：是否具備專業的教練型團隊？

除了考察教練機構的優劣之外，為企業服務的教練型團隊的素養也很重要。

● （2）第二階段：建立企業內部教練型團隊

企業內部的教練型團隊一般都是企業的高管、中層管理或基層負責人組成的，他們是教練型團隊的核心。在這一階段，首先要讓教練型團隊成員都成為合格的教練，工作重點是在團隊內部普及教練理念和技術，包括：

A. 將企業高層培育成企業教練（或導師）；

B. 把企業中層、基層負責人培育成管理教練。

● （3）第三階段：在企業內部實行教練測試

在企業內部實行教練測試應遵循以下過程：測試 —— 總結 —— 固化 —— 推廣。具體來說，包括如下內容。

    A. 甄選教練測試單位。

    B. 建立測試教練型團隊。

    C. 明確教練需求。

    D. 測試教練實踐。

    E. 教練會議總結。

    F. 教練固化模板。

    G. 測試成果推廣。

● （4）第四階段：制定企業內部教練制度

　　企業內部形成教練制度，也就意味著教練成果的固化；而用制度來普及教練成果、推廣教練技術，則意味著教練型團隊的初步形成。企業內部教練制度包含兩方面：教練制和導師制。

　　制定教練制度是企業在建立教練型團隊和教練文化中至關重要的一步。企業的管理者一定要學會區分導師和教練這兩種不同的管理方式。我們可以透過表 3-1 來更清晰地區分導師制和教練制。

表 3-1 導師制和教練制的異同

項目	導師制	教練制
管理者層面	高層擔任導師	中層經理、主管擔任教練
輔導對象	不同部門的員工	直接下屬
運用的技術	運用專業教練技術	管理教練技術
輔導的內容	員工的心理狀態、情緒及職業生涯規劃等	績效、能力及行為表現

　　具體來說，兩者的不同包括如下方面。

　　A. 關注點不同：導師是對員工的內在成長及職業生涯提供幫助，而非專注於員工的職業工作細節；教練的主要任務則是關注員工的工作職位職能層面。

B. 角色不同：導師與員工之間既是夥伴，又是知己，導師為員工的成長提供指導，並幫助員工朝著自己希望的方向發展；而教練則會透過設計一系列的訓練幫助員工提高自身技能。

C. 與員工的關係不同：在導師對員工進行輔導的過程中，導師與員工都有選擇輔導時間和輔導重點的權利；而教練則是設定一定的工作期望，引發員工透過設計和訓練達成這一目標。

D. 影響力不同：教練和導師的影響力是由人際交往能力決定的，教練需要遵守實際權力上的立場；而導師則可以把個人的價值觀帶入與員工之間的關係中，導師與員工之間的關係相對比較自由。

E. 回報形式不同：教練的回報形式多是團隊間的相互配合和工作業績；而導師對於員工的輔導是一個不斷學習並提升自我的過程，兩者之間是互惠的關係。

F. 範疇不同：導師為員工提供的幫助是由員工自由選擇的，而教練對員工的幫助則相當於在執行一項任務，目的就是要提高員工的技能、豐富員工的知識；導師會輔導員工解決更廣泛的問題，既包括生活方面也包括工作方面，而教練則承擔起了更具有前瞻性的工作行動任務。

導師制就是在教練技術的基礎上，由企業的高層管理者來實行的一種教練制度高層管理者會以導師的身分出現在員工身邊，對他們進行教練式的輔導。在商業競爭越來越激烈的今天，知識型員工的獨立自主能力不斷增強，教練式管理的優勢也逐漸顯現出來。那種只重視企業決策和企業資源，靠著壓榨員工的價值來實現企業發展的管理模式已不能適應時代的發展了。

許多位列世界 500 強的公司已經很重視導師制這種教練式管理形

式。邁阿密大學管理學教授泰雷莎‧史坎杜拉（Terri A Scandura）認為，在世界 500 強的公司中，71% 的企業都有導師計畫。員工與導師建立關係就是一個向他們徵求意見、獲得職業生涯建議和幫助的過程。導師制的關係是一種簡單的互幫互助的夥伴關係，導師能夠輕易地讓員工放下戒心，獲得最真實的回饋，讓他們得到最全面的心理輔導。

昇陽電腦（Sun Microsystems）在 2006 年 10 月向外界公布了一項有關導師制價值的研究結果，該項研究的目的是調查導師制對財務的作用以及昇陽電腦如何確定開支目標。研究人員採用同級分析方法對數據進行分析，最終得出結論：導師制不管是對導師還是對受指導者都具有積極的作用，培養出來的員工更容易受到企業的重用。導師的升遷次數是未參加導師計畫者的 6 倍；受指導者的升遷次數也是未接受指導者的 5 倍；受指導者和導師的留職率分別為 72% 和 69%，而未參加導師計畫的員工的留職率只有 49%。

●（5）第五階段：制定企業內部教練培育計畫和教練進階機制

這個階段要求企業完成內部教練的自動造血功能，形成自己獨特的內部教練培育計畫和教練進階機制，只有這樣企業才會形成不斷循環再生的教練型團隊。

企業內部教練培育計劃包含教練技術培訓、教練實踐計劃、教練成果推廣計劃；教練進階機制包括教練級別、進階條件、獎勵方案的制定。

目前 90% 以上的企業只是將企業教練技術當作一種新穎的培訓機制在運用，而很多全球著名企業已經在著手建立自身的教練型團隊與教練文化，並以這種新的管理模式帶動著新的生產力，在這個快速變化的知識經濟時代，我們其實已別無選擇。

在團隊內部建立教練培育及進階機制

建立教練型團隊和在企業中培養教練文化並不是可以一蹴而就或者在某個階段就可以完成的工作，而是要經歷一個漫長的過程。因此為了保證建設教練型團隊和培育教練文化工作的持續性，企業除了要重點建設和制定企業內部教練制度之外，還應該加強企業內部教練培育及進階制度的建設。

企業內部教練培育及進階制度的內涵

企業內部教練培育及進階機制是從企業自身出發，專門為其設計的一套促進企業內部教練培養和發展的系統。企業在內部建設了此系統之後，就可以獨立培養企業內部教練，從而推動員工在團隊工作中更好地發揮其效用。

企業內部教練培育及進階制度共包含兩個方面。

1. 內部教練培育機制：其中又包含教練技術的培訓、教練實踐計畫以及教練成果推廣計畫。
2. 內部教練進階機制：其中又包含教練的級別、教練進階的條件和具體的獎勵方案。

內部教練培育機制

內部教練培育機制就是企業自己培養教練的機制和系統，這套機制的設計取決於企業自身的管理架構。不一樣的管理架構，就有

不一樣的內部教練培育機制。

在制定內部教練培育機制之前，企業首先應該搞清楚幾個問題。

● （1）企業內部中具備哪些條件的管理者才有資格成為教練？

隨著經濟的發展和教育水準的不斷提升，企業管理者的知識水準也在不斷提升，每一個管理者都可以擔當教練的角色。

● （2）下屬能當上司的教練嗎？

一般情況下，教練是自上而下進行的，這與公司的管理架構有著密切的關係，這也決定了下屬不能為上司當教練。

● （3）員工可以擔當自己的教練嗎？

員工可以當自己的教練，但是訓練效果不如上司做教練好。

● （4）基層、中層和高層的管理者使用的教練技術是一樣的嗎？

因為他們管理的對象不一樣，所以在使用的教練技術上也有很大的不同。

在弄清楚了以上幾個問題之後，企業也要對以下幾個概念做清晰的界定。

1. 管理結構和教練結構概念的區分：內部的教練結構和管理結構在某種程度上是平行的，兩者面向的主體是一樣的，換句話說，管理對象一般都是教練的對象。但是管理結構比教練結構更穩定，不能輕易改變，而教練結構可以根據企業專案的需要做出一些調整。

2. 管理結構和教練技術的概念：教練技術可分為三種，即高層專
   業教練技術、中層管理教練技術以及基層管理教練技術。在管
   理結構中，不同管理層的職能是不一樣的，因此教練培育機制
   針對不同的管理層應該培育擁有不同教練技術的教練。

建立內部教練培育機制的途徑

建設內部教練培育機制，可以遵循五步走的策略。

● (1) 第一步：明確內部教練的結構

內部教練結構是教練培育工作始終不能偏離的一條主線，在明
確內部教練結構時，應該注意幾個方面的問題。

A. 管理結構的完整性

管理結構和教練結構都是自上而下的，教練結構的設立取決於管
理結構，因此只有保證管理結構的完整性，才能確保教練結構的設立。

B. 管理層面的角色定位

一般情況下，高層管理者當導師的比較多，鮮有人做教練，而
中層和基層的管理者中當教練的比較多。不管是做導師還是做教
練，首先應該明確輔導的對象。對導師來說，他們可以選擇自己的
輔導對象；而教練沒有選擇，他們的輔導對象就是其下屬。

● (2) 第二步：制定教練輔導手冊

管理者要根據內部教練的結構圖明確輔導的對象，並根據具體
的職位和對象制定個性化的教練輔導手冊，教練輔導手冊一般包括
幾個方面的內容。

第三部分
教練型團隊：如何運用教練技術訓練與輔導下屬

A. 教練輔導的對象

教練輔導的對象一般都是其直接的下屬，這一點比較容易明確。

B. 教練輔導的內容

主要包含兩個方面的內容：一是日常教練輔導的內容，與下屬的日常工作直接相關，這種輔導是存在於日常的管理和工作中的；二是特定的教練輔導內容，這部分內容是需要教練特意拿出時間對下屬存在的一些特定的問題進行教練輔導。

C. 教練輔導的技術

主要是指關鍵價值鏈技術，如果能形成價值鏈模板，就可以針對不同的教練輔導專案引出關鍵的價值鏈。

D. 教練輔導的方式

教練輔導方式也可以分為兩種：一種是一對一，另一種是一對多。在一對一的方式中，輔導的對象是直接的下屬，主要是幫助下屬改善個人工作目標或行為；而在一對多的方式中，輔導的對象是部門的下屬，主要是對組織目標進行輔導。

● （3）第三步：教練技術內部培訓

企業在引進教練技術之後，可以找專門的企業教練機構來幫助企業進行培訓，有一部分教練技術的培訓也可以由內部經過授權的教練、導師來負責。教練、導師的培訓重點應該放在價值鏈模板培訓上。

● （4）第四步：教練案例研討

教練的培育離不開案例的支撐，企業內部教練培育的內容都是企業在真實的實踐中逐漸累積起來的經驗。內部的管理者會經常帶

著自己或部門的教練案例，以教練會議和實踐小組的形式進行交流討論，從而從中獲得更豐富的經驗，逐漸成長為優秀的管理教練。

● (5) 第五步：教練跟進與考核

內部教練的培育和成長是一個漫長的過程，在這個過程中應該隨時對培育情況進行跟進和考核，具體的考核者主要是根據企業的規模來確定的。規模比較大的企業可以將跟進和考核的工作交給人力資源部門或企業大學的教練，如果是這樣的話，企業就需要有一支專業的企業教練型團隊；而規模和實力都比較小的企業，可以尋求外部專業企業教練公司的幫助。

內部教練進階機制

教練進階與教練的培育有著密不可分的關係，教練進階展現了教練培育的成果，教練進階制度以教練培育為基礎。教練進階機制和教練培育機制有很大的差異。教練培育機制與管理結構和教練機構保持一致，而教練進階機制與兩者可以存在差異；教練進階機制可以作為一個獨立的教練考核機制來運作。

設立內部教練進階機制的方法

● (1) 內部教練進階的級別

可以分為初級教練、中級教練和高階教練。

● (2) 內部教練的進階條件

能夠掌握教練管理技術，並能對直接下屬實現一對一的輔導，就可以成為初級教練；能夠熟練掌握管理教練技術，能對部門實現

一對多的輔導，就可以成為中級教練；而能夠使用專業的企業教練技術，並且可以在企業內部做直接的培育教練，那麼就可以進階成為高階教練。

● **（3）關於教練進階的考核工作和激勵方案**

設立內部教練進階機制，可以良好地推動教練文化的建立和形成。企業內部對教練進階機制的跟蹤和考核以及相應的激勵方案，可以推動教練進階機制更有效地成長。

這裡需要指明的是，以上只是在設立企業內部教練培育和進階機制中會出現的一些比較常見的問題，但事實上在實際的操作和執行中，由於企業之間存在較大差異，企業要從自身實際出發，制定個性化的內部教練培育及進階機制，進而推動教練型團隊和教練文化的建設和形成。

情緒商數教練：管理者如何培養員工的情緒商數

情緒商數簡稱 EQ，是與智商相對應的概念，主要是指人在情緒、情感、意志、耐受挫折等方面的品質。近年來，情緒商數已經越來越多地被應用在企業管理學上，對於管理者而言，情緒商數是領導力的重要構成部分，情緒商數的高低相當程度上決定了一個人能否成為一個成功的領導者。

情緒商數高的領導者在對下屬的領導教練方面會做得更多，除了直接與工作相關的績效標準之外，還需要為他們解決一些更加個人化的問題，比如指導下屬如何與同事相處，如何擁有更融洽的人際關係，工作時如何與他人合作等，而這些都與員工個人的性格特點息息相關。

美國耶魯大學心理學家彼得·沙洛維（Peter Salovey）和新罕布林大學的約翰·梅耶（John D. Mayer）於 1990 年首次提出了情感智商這一概念。情感智商（簡稱情緒商數）指的是把握自己和他人的感覺和情緒，並對這些資訊加以區分利用，來引導一個人的思維和行動的能力。情緒商數在成功的因素中所占的比重是不容忽視的，如果說智商更多地被用來預測一個人的學業成績，那麼，情緒商數則能被用於預測一個人能否取得職業上的成功。情緒商數不同於智商，它不是天生注定的，而是由下列 5 種可以學習的能力組成的。

1. 了解自己情緒的能力。能立刻察覺自己的情緒，了解情緒產生的原因。

2. 控制自己情緒的能力。能夠安撫自己，擺脫強烈的焦慮、憂鬱以及控制刺激情緒的根源。

3. 激勵自己的能力。能夠整頓情緒，讓自己朝著一定的目標努力，增強注意力與創造力。

4. 了解別人情緒的能力。理解別人的感覺，察覺別人的真正需要，具有同情心。

5. 維繫融洽的人際關係，能夠理解並適應別人的情緒。

那情感與情緒有什麼區別呢？

每個人都會有自己的需要、態度和觀念，情感就是人在這些因素的支配下對事物的切身體驗或反應。

情緒、情感與人的需要之間存在著密切的關係，當現實符合人的需要時，就會產生滿意、愉快、興奮等積極情緒和情感；當現實不能滿足人的需要時，就會產生失意、憂傷、恐懼等消極性情緒和情感。

什麼是情緒呢？情緒是情感的具體表現，是指人的需要是否得到滿足，繼而產生暫時性的比較明顯的情感，如憤怒、恐懼、快樂、悲傷等，它為人和動物所共有。

情緒具有較大的情境性、不穩定性和短暫性。特定的情境產生相應的情緒，當這種情境消失或改變後，情緒也會隨之改變。

情緒具有兩極性，首先表現為肯定和否定的對立性質，如滿意和不滿意、愉快和悲傷、愛和憎等。情緒的兩極性還表現為積極的和消極的。積極、愉快的情緒使人充滿信心，努力工作；消極的情緒則會降低人的行動能力，如悲傷、鬱悶等。

近年來，西方情緒心理學家傾向於把情緒分為基本情緒和複合

情緒。他們認為人類具有 8 種基本情緒：興趣、驚奇、痛苦、厭惡、愉快、憤怒、恐懼和悲傷。複合情緒則是由這些基本情緒混合而成的，如憤怒加厭惡就是敵意，恐懼加內疚就是焦慮。

在生活中，每個人都或多或少地被情緒左右過。可以說，情緒是人們生活中極為常見的干擾之一，這種干擾或來自自身、或來自他人。身為教練，我們的工作就是要降低客戶的干擾。因此，教練在教練過程中經常需要處理自己以及客戶的情緒。所以，處理情緒的能力對於教練有效發揮教練技術至關重要。

請注意：其實真正干擾我們的不是情緒本身，而是我們受制於情緒而沒有察覺，或者即使察覺但仍無法自拔的狀態。這種狀態會使我們在情緒的操縱下做出一些「不由自主」的、事後常常懊惱後悔的行為。

平時，我們一提到情緒干擾就會聯想到那些負面的、消極的情緒，但事實上無論是積極的和消極的情緒都會干擾我們。其實，在教練看來，人是不會沒有情緒的，情緒作為一種特定的心理反應，無法被徹底壓抑、隱藏和掩飾，一定會透過某些途徑、形式顯露出來。它是互動性的，在人際交往中不斷互相傳遞、感染、影響。

基於情緒的上述特點，對於教練而言，情緒不僅不是洪水猛獸，而且可以成為教練洞察客戶心智模式的最佳視角！與透過客戶的行為、語言去洞察客戶的心智模式相比，透過捕捉客戶的情緒波動來洞察客戶的心智模式往往更加迅速、直接、精確。

透過情緒，教練可以留意到客戶當下的心情及感受、言語中的歧義、對人與事物的看法及回應、信念及心智模式。

教練也要管理自己的情緒

前面說過，情緒干擾或來自自身、或來自他人。因此，洞察自己的情緒與洞察他人的情緒對教練來說同樣重要；而且，教練要想洞察並善用被教練者的情緒，首先要管理好自己的情緒。管理情緒的方向是：提醒自己從事情中跳出來，先自我省察，區分自我與角色；然後放下自我的好惡，讓自己進入教練的角色中，把焦點放在支持被教練者上。

如果不能管理好自己的情緒，教練的聆聽、區分、發問、回應將會大打折扣。反之，教練不僅可以站在更高的層面上洞察客戶，還可以用自己的情緒感染、管理客戶的情緒。

情緒商數是一種能力，是一種準確察覺、評價和表達情緒的能力，一種接近並產生感情以促進思維的能力，一種調節情緒以幫助情緒和智力發展的能力。情緒商數首先表現為對自己和他人情緒的識別、評價和表達，也就是要能及時地辨別自己的情緒，知道如何將自己的情緒準確地表達出來。

人們不僅能夠察覺自己的情緒，而且能夠察覺他人的情緒，理解他人的態度，對他人的情緒做出準確的辨別和評價。

這種能力對人類的生存和發展是很重要的，它使人們之間能相互理解，使人與人之間能和諧相處，有助於建立良好的人際關際。

人們在準確識別自我情緒的基礎上，能夠透過一些認知和行為策略，有效地調整自己的情緒，使自己擺脫焦慮、憂鬱、煩躁等不

良情緒。同時，人們也能在察覺和理解別人情緒的基礎上，透過一些認知活動或行為策略，有效地調節和改變其他人的情緒反應。這種能力也是情感智商的展現。

　　研究顯示，情緒商數在人們解決問題的過程中能影響認知的效果。情緒的波動可以幫助人們思考未來，考慮各種可能的結果，幫助人們打破定式或受到某種原型啟發，可以使人們創造性地解決問題。

　　情緒商數的核心內容可以用以下四句話描述：知道別人的情緒；知道自己的情緒；尊重別人的情緒；調控自己的情緒。心理學研究顯示，在所有最終獲得成功的人中，高智商的人所占的比例僅僅為10% 左右。很多非常有天資的人，因為在達成聯合、處理衝突、解決危機以及保持平衡和實現均衡方面缺乏情感智力而紛紛被淘汰出局，這是現實生活中一個司空見慣的現象。儘管如此，人們也不必氣餒，因為讓我們感到欣慰的是，絕大多數人都能夠透過學習來掌握提高情感智力的技能。

　　教練的高 EQ 表現在準確認知和區分客戶的情緒，及時省察自己的情緒，訊速與客戶建立起良好關係並能長期保持；也表現為強烈的感染力、強大的自我調節及自我激勵能力，以及迅捷的遷善速度。

如何鍛鍊提升自己的情緒商數

核心信念做基礎

做員工的情緒商數教練就需要為員工解決一些個人化的問題，實際上，這項工作具有一定的技巧，只要掌握了這些技巧，領導者就能夠更容易地解決這類問題。

首先，領導者必須認真地學習情緒商數知識，努力提高自己的情緒商數；其次，領導者要盡可能地與下屬之間建立個人關係，從而更方便以個人身分幫助他們實現各自的目標；同時，領導者不能吝惜讚美之詞，要多找機會表揚下屬；一旦下屬的工作出現了失誤，領導者要迅速回應，幫助下屬及時補救，避免小問題發展成為大問題。除此之外，領導者還要經常對下屬進行糾正性質的教練指導，幫助他們持續地提高自己的績效。

這樣的關係建立起來以後，領導者就可以開始對下屬員工進行情緒商數教練了。如果被指派到新的團隊，領導者可以根據具體情況靈活地開展工作，並不一定非要按部就班地完成上述步驟。誠然，領導者應該透過經常性的個人連繫、表揚以及與績效有關的回饋等方式與下屬建立起良好的個人關係，但是如果下屬的工作績效存在明顯的問題，就表明他確實需要情緒商數教練，在這種情況下，領導者應該毫不猶豫地對其進行教練指導。

有經驗的領導者在對下屬進行情緒商數教練之前，會事先幫助

員工建立起某些假設和信念，在這個基礎上再進行教練工作，往往容易事半功倍。以下這些信念都是常用的情緒商數教練基礎。

- ⊙ 每個人都會希望把自己的工作做好、在工作中擁有更出色的表現，這種對成功的渴望就是人們工作的動力，它能夠驅使人們更努力地工作。

- ⊙ 每個人都擁有屬於自己的人生經歷，而所有這些曾經的經歷，都會對人們的情緒商數產生影響，可以說，正是這些過往的經歷造就了現在的每一個人。

- ⊙ 人們的行為受到多種因素的影響，比如所處的環境、個體的世界觀、從前與他人相處的經歷等。人們自認為是正確的行為，就會在未來的生活中繼續下去；人們自認為不對的行為，就會在將來改換不同的做法。總之，無論是領導者還是下屬員工，每個人的行為都符合各自的世界觀。

- ⊙ 在情緒商數的培養過程中，最大的障礙來源於個體自我認知的缺失。如果人們能夠擁有旁觀者的視角，在具體的工作和生活中就會發生很多不同的選擇。

- ⊙ 提高人們的自我認知水準，是情緒商數教練的初衷。實際上，情緒商數教練的過程可以說是幫助人們進行自我認知的過程，相當於在人們面前豎起一面鏡子，讓人們對自己了解得更加透澈，包括看清自己的行為如何影響別人，如何利用自身優勢滿足新的發展需求等。情緒商數的培養是一個漫長的過程，可以伴隨人們的一生。

- ⊙ 領導者對於員工個人行為的培養，需要與提高職業效能掛鉤。

- ⊙ 情緒商數根植於人們對自我的認知，它並不是心理治療，它只

是為了解決一些已知的行為問題，來提高人們的工作效益。比如如何透過自我管理把情緒精力集中於工作之中，如何透過與他人的合作來提高工作效率等。

五類行為要糾正

在對下屬進行情緒商數教練的過程中，一旦出現以下行為，就需要迅速透過教練指導加以糾正。

● 沒有目標和願景

⊙ 員工在談及決策、變革或指示時缺乏鼓舞，從不提及公司的使命和價值觀。

⊙ 對於部門的領導工作缺乏堅定的個人願景，不能把部門目標與公司使命、個人願景與領導力結合到一起。

⊙ 缺乏有吸引力的願景和目標，只有收到明確的工作指示才會採取行動。

⊙ 缺乏上進的動力、對專案完成的緊迫感或個人熱情。

● 沒有同理心

⊙ 閉門造車，只關心自己的工作安排，不能傾聽同事和客戶的意見，不了解別人的需求和感受。

⊙ 雖然認真地傾聽了別人的意見，但是卻不能夠正確地理解這些意見。

⊙ 不關心事件可能對別人造成的影響。

⊙ 對別人的事情漠不關心，所以也無法察覺周圍環境的變化，更遑論提出中肯的意見。

● 無法做到自我認知和自我控制

- ⊙ 容易發怒，疑心重，總是懷疑別人對自己不懷好意，於是經常揪住別人的小辮子不放。或者發怒時雖然一言不發，但是表現出明顯的沮喪和生氣，使別人不敢靠近。
- ⊙ 經常恐懼和焦慮，害怕在公開場合發言。
- ⊙ 太過害羞以至於出現社交障礙，很難與別人建立良好的個人關係。

● 社交老手

- ⊙ 不誠實，表裡不一，人前一套人後一套。
- ⊙ 不守信，不守規矩，老油條，愛在背後議論別人。
- ⊙ 喜歡維持現狀，阻礙任何形式的變革。
- ⊙ 對下屬傳達改革精神時，故意扭曲管理層的初衷。
- ⊙ 故步自封，埋頭於自己部門的工作之中，不與其他部門的同事建立連繫。
- ⊙ 自以為是，只在意自己的想法，只從自己的角度看問題。
- ⊙ 喜歡冷嘲熱諷，不注重他人的感受。
- ⊙ 經常表現出某些個人怪癖，容易給人留下不好的印象。
- ⊙ 與下屬和高層關係疏遠，總是避免與其他同事接觸。

● 個人影響

- ⊙ 總是惡意揣測他人，認為別人處處針對自己。
- ⊙ 無法融入團隊合作的自由討論氛圍，為了避免與他人意見相左，不願意主動發表自己的意見。

- 害怕介入衝突之中，即便自己的團隊中出現衝突，也選擇遠遠避開。
- 抗拒與其他部門之間的合作，給下屬的目標設定得模糊不清。
- 不能培養出勇於承擔責任的下屬。
- 參與完管理團隊的會議之後，不會將得到的資訊與下屬分享。
- 在管理團隊的會議之中，不會提出自己部門的需求。
- 在進行演講的過程中，不能表現出對所討論的題目的熱切興趣，與聽眾之間缺乏交流。
- 習慣抱怨，不能抓住討論的重心，提問的水準低。

四個步驟教與練

在對下屬員工進行情緒商數教練的具體操作中，領導者可以按照以下 4 個步驟依次進行，這樣有助於提高教練的實際效果。

1. 領導者要及時給予員工回饋意見，以提高他們的自我認知。一般情況下，人們在某件事情弄巧成拙之後，仍然意識不到自己做了不恰當的行為，這種情況下，領導者應該先假設員工的初衷是好的，不好的結果僅僅是因為其採取的方式不當。

2. 給予回饋之後，領導者還要幫助員工認清楚自己的行為，讓他們搞清楚自己的行為為什麼沒有取得理想的效果，只有他們自己意識到這樣的做法確實不恰當，才會願意去改正。

3. 在這之後，領導者應該幫助員工針對需要改變的行為制定恰當的改變策略，理想的做法是引導員工自己制定出改進策略，在必要的時候，領導者也可以為其提供具體的指導或者建議。

4. 在員工努力改進自己的行為時,領導者要表現出明確的支持態
   度,透過對員工的行為進行不斷的觀察,給予他們更多的教練
   指導。在最初的教練交流之後,領導者要盡快對員工實施後續
   的教練指導,透過這樣的態度讓員工感受到來自你的關注,感
   受到你對他們針對個人行為改進的行動非常支持。

假設你是一個部門的領導者,剛剛結束了部門內的一個會議。在會議過程中,莎拉對麥克提出的建議表達了反對意見,麥克因此大為光火,直接對莎拉展開了人身攻擊,指責她非但懶惰成性,還自以為是,對別人的意見一概反駁。由於麥克的暴怒,這場會議最終不歡而散,你只好暫停會議,改期進行。

身為團隊裡脾氣最暴烈的成員,麥克在會議上的表現表明他需要情緒上的指導,所以你單獨約見了麥克,就他今天的表現進行進一步的情緒商數教練。麥克可能會意識不到自己的行為失當,反而會為他的行為尋找各種藉口。作為領導者,你的目的是讓他意識到自己的行為是不對的,對整個團隊造成了負面的後果。所以這次談話可以從麥克在會議上的表現,以及這種行為對於整個會議的影響開始。

你可以說:「你在會議上提出了新的建議,看得出你對此費了不少心思,這樣很好。但是,在莎拉表達出不同意見之後,你的反應實在是太激動了,這讓我很擔心。你剛才對她大吼大叫,還指責她太懶,這已經是人身攻擊了。莎拉對你的建議提出反對意見,並不是針對你本人的看法,我們在處理反對意見時,要對事不對人,即便是觀點對立,也要尊重每一個同事。你這麼做了,其他的同事會怎麼想?他們如果也有不同的意見,被你剛才的表現一嚇,也不敢

提出來了。事情總是要解決，我們不得不另找時間再開一次會。」

如果麥克同意了你表達的觀點，那麼這場對話就可以開始進入解決問題的步驟，讓麥克自己想辦法控制自己的情緒，以避免類似行為再次出現。你可以給予適當的啟發，引導他去尋找對策，比如詢問他在情緒失控之前有沒有哪些生理反應可以發出預警，比如臉開始發燒、感覺到怒氣上升等等。

然後，你必須幫助他找到一些確定的方法，讓他在即將發怒之前察覺並控制自己的情緒。比如，麥克在察覺到自己就快要發脾氣的時候，及時進行自我暗示：「我就要發怒了，這樣很不好，這些意見跟我個人無關，我必須尊重別人。」因為麥克意識到了自己的問題，所以會接受任何有用的方法，包括接受相關的情緒教練指導。最後，你還要給予他一定的肯定，讓麥克能夠更得體地表現自己。

如果麥克不認同你的觀點，拒絕承認自己的錯誤，你就必須拿出領導者的權威，命令他必須做出改變，並且為其設定清晰的改變目標，讓他明確你的態度。

在之後的工作中，你需要持續關注麥克的表現，並且經常提醒他之前的談話內容：「麥克，在上次談話之後，我一直在關注你的表現，我注意到吉姆指出你提交報告延遲的問題時，你沒有像之前那樣大發脾氣。這次做得很好，我希望你以後能夠一直保持這種狀態。」

經過一段時間以後，如果麥克一直沒有出現過大發脾氣的情況，在下一次的交流中，你就可以提出更多的內容了：「麥克，按照我們之前的談話，我要跟進這件事情。在過去的三個月裡，我一直沒有發現你對誰大吼大叫，這讓我對你十分放心。我發現你已經能

夠很耐心地聽取別人的意見了，取得了很明顯的進步。雖然我還能發現有的時候你還會臉紅，但是很明顯你已經做出了努力，相比從前，你的語氣變得冷靜很多，也能接受別人的反對意見。我想你可能注意到了，自從你控制住了自己的脾氣，同事們在會議討論時都變得更加積極了。現在，大家都能夠自由地提出各種看法，每次的討論都比從前更深入。你做得很好，我對你的努力感到非常滿意，好好堅持下去，相信你可以做得更好。」

下面再提供一些隨時可以練習的方法。

1. 正視你的感受，不要否認或漠視。
2. 用心聆聽情緒傳遞出來的訊息，檢視你的情緒是由於自己的哪些原則、觀念、價值觀被挑戰後出現的。
3. 與對方溝通自己的感受而不是溝通情緒。
4. 主動疏導情緒，使之可以抒發而不是爆發。
5. 坐禪能讓教練和當事人保持醒覺，也可採取課程中教的詠春拳等方式。

▌情緒商數教練對於正確選擇「激勵」或「挑戰」的幫助

激勵和挑戰是教練支持客戶進步的兩個切入點，因此知道何時選擇哪個切入點支持被教練者最有效，是專業教練的基本功。

之前我們學習了教練技術的理論架構，掌握了專業教練的四種專業能力，知道了如何有條不紊地運用四步教練技巧來部署一個教練過程。而「激勵」和「挑戰」是一個你為被教練者「把脈」的環節，這一環節使你對他的支持更有方向、更準確有效。無論是激勵還是挑戰，都是要支持被教練者更好更快地實現自己的目標，因此，迅速判斷下一刻應該對被教練者進行激勵還是挑戰是一個教練部署教練策略的起點。選擇正確，可以讓教練事半功倍，反之則事倍功半，甚至弄巧成拙。

概括地說：

⊙ 對於正在遭遇挫折而沮喪、洩氣的客戶用「激勵」；

⊙ 對於現狀良好、願意做到更卓越的客戶用「挑戰」。

為什麼要使用激勵這種方式呢？

我們之前談過管理的四種基本模式，其中「輔導」模式是善於安撫員工，處理他們的情緒。這種模式對那些專業技能很強，但工作意願不強的人十分有效，通常這類員工多數是因為遭受重大挫折而心灰意冷，少數是因為沒有確立更高的生活目標。對他們並不適合用「激勵」因為從根本上講他們尚未準備好，不適合進行教練，

而教練需要激勵的客戶是那些有著強烈意願要完成目標，只是在過程中因困難打擊而暫時失去自信的人。顧問也會用激勵去支持客戶。兩者不同的是：顧問是找到客戶的優點告訴客戶；而教練是協同客戶自己探尋，找到自己的優點。

概括地說，激勵的作用是：

⊙ 教練有方向、有策略地支持客戶發掘自己的優點；

⊙ 巧妙地激發客戶內心中渴望完成目標的意願，從而使他產生克服困難、繼續前進的動力；

⊙ 在激勵的過程當中，教練需要不斷地肯定被教練者的每一點進步，從而鞏固被教練者剛剛萌生的信心。

有效的激勵要注意以下方面。

（1）在激勵的全過程中，教練首先要關注客戶的感受。一個被教練者之所以需要激勵是因為他遭受的困難超出了他的承受力，這時的他並不是沒有方向，而是在沮喪、挫敗中一時失去了對自己的信心。這個時候，他最渴望你能聽他傾訴，得到你的理解、關懷，希望你對他的境況感同身受。我們知道教練的工作是降低客戶的干擾，而客戶心中的干擾其實就是他面對困難、面對逆境時心中那種挫敗的感受。切記：關注客戶的感受是可以有效「激勵」客戶的基礎。

（2）在激勵過程中，要求教練把焦點全部集中在欣賞客戶身上的優點，給予被教練者足夠的肯定和表揚。這樣做，並不是說被教練者沒有缺點，也不是對他的不足置之不理，因為這個時候，被教練者自己往往已經處在深深的自責當中，甚至他已經放大了自己的

125

缺點。如果這個時候你還去盯著他的不足，無疑是雪上加霜，就好比落井下石，無助於被教練者信心的重建。

（3）在激勵的過程中，教練切忌用自己的標準去評判客戶的對錯。任何的批判都只會加重客戶的消極狀態，妨礙他走出低谷。

身為專業教練，對於被教練者可能產生的反覆要有足夠的心理準備並給予包容和理解。對於任何正在面對重大壓力的人來說，誰都無法保證自己一定可以一蹴而就，誰都可能再一次無功而返。有的時候，教練對客戶激勵很久似乎都收效不大，或者有了效果後客戶又因為種種原因表現反覆。這時候，你一定要堅持！要做的是令被教練者「屢敗屢戰」，千萬不要因為客戶「屢戰屢敗」喪失對他的信心。

教練進行激勵的最終目的是喚醒客戶心中的信心，使其重新鼓起勇氣去戰勝困難。

說完激勵再說說挑戰。

挑戰的目的如下：支持被教練者衝破自身的局限，願意去創造更多的可能性。要做到這一點，在心態上，教練的心腸要「硬」、要「狠」，因為在衝破極限約束的過程中，一定伴隨著懷疑、擔心、痛苦，甚至抗拒，這個時候，「婦人之仁」最容易令挑戰功虧一簣。

挑戰的時候，被教練者心中的願景是教練的幫手，是教練推動被教練者接受挑戰的槓桿。挑戰的最終目的是令被教練者做到比其自己預料的更卓越。

有效的挑戰要注意以下方面。

（1）挑戰的關鍵是教練要能夠洞察到被教練者的最大渴望。事實上，被教練者心裡不甘現狀，想「百尺竿頭，更進一步」是成功

挑戰的前提！如果被教練者沒有意願，我們是無法挑戰到他的。也就是說，教練無法挑戰被教練者去做教練希望被教練者做的事情，教練是挑戰被教練者去做被教練者自己想做但又尚未做到的事情。

（2）教練的挑戰成功要求教練的立場要堅定。因為被教練者既想做又擔心，這個時候教練如果不堅定，就會陷入被教練者的「事件」當中，變成教練在想方設法「遊說」被教練者去行動，而被教練者則會擺出一個又一個的困難讓教練想辦法。不要忘了，被教練者自己也渴望做到超越自己。教練的「堅定」是把焦點建立在相信被教練者上，相信被教練者有足夠的能力面對挑戰！只有這樣，才可以放膽去激起被教練者的雄心壯志。當然，教練的「堅定」也不是要去責備、恐嚇客戶。

（3）挑戰的時候，教練的心態要真正做到「看人之大」，勇於提出高要求。被教練者的心裡一定有更高的期望，如果我們挑戰被教練者的是被教練者自己覺得不費力就可以做到的事，那挑戰就沒有價值了。另一方面，我們說「看人之大」，絕不是為了挑戰而挑戰，挑戰要符合「SMART」系統中「可達到的」這一要求。

教練去挑戰被教練者，他同樣有可能在過程中反覆，所以與「激勵」時一樣，教練都要在包容被教練者的基礎上，堅持到底。

對於激勵與挑戰的應用時要注意：

無論是激勵還是挑戰，要想更有效，教練都需要在處理好被教練者的情緒、激起他的鬥志後，與他一起確定他接下來要做的具體工作。其次，教練要拿到被教練者據此制定的明確計畫並及時跟進、檢視其進展。但是教練要注意，在被教練者按計畫行動的過程中不要做監工，也不要對被教練者如何做進行細節指導。第三，教

練要及時肯定被教練者取得的任何階段性的成果，一直到被教練者實現目標為止。

在「激勵」和「挑戰」的過程當中都需要綜合運用教練能力，而「激勵」與「挑戰」的意圖的貫徹則是透過「四步教練技巧」去實現的，所以四個教練能力是教練的「武器裝備」，而教練步驟是教練的「策略部署」，「激勵」與「挑戰」則是教練的進行方向。

情緒商數教練訓練的核心智慧是教練式管理者要自身修練的部分，要熟讀、熟記、熟用，實現內在提升後運用起其他教練模式時就會更上一層樓！儘管所有的這些前提都會有例外，它們依然為溝通和個人拓展奠定 0 了十分有用的基礎。

- ⊙ 沒有兩個人是一樣的。
- ⊙ 一個人不能改變（控制）另外一個人。
- ⊙ 有效果比有道理更重要。
- ⊙ 只有由感官經驗塑造出來的世界，沒有絕對真實的世界；地圖不是疆域；我們都活在自己想像的世界裡；人們總是在三大表象系統（視覺、聽覺、感覺）之內進行溝通。
- ⊙ 溝通的意義決定於對方的回應。
- ⊙ 重複舊的做法，只會得到舊的結果。
- ⊙ 凡事必有至少三個解決方法，即凡事起碼有三個以上的選擇。
- ⊙ 每個人都給自己選擇能獲取最佳利益的行為，每個人總會做出當時他們所能做出的最好選擇（但往往還有很多更好的選擇）。
- ⊙ 每個人都具備使自己成功、快樂的資源，每人已擁有了所需的所有資源和能力。

⊙ 在任何一個系統中，最靈活的部分便是最能影響大局的部分，
  最具有靈活性的因素可能成為決定性的因素。

⊙ 沒有挫敗，只有回應資訊。

⊙ 動機和情緒總不會錯，只是行為沒有效果而已，每個行為背後
  都有一個以上正面的動機。

⊙ 過去不等於未來。

⊙ 任何事物的意義都取決於我們的定義。

⊙ 意志所在，能量隨來。意志專注於哪裡，哪裡就產生能量 ——
  可能是正面的，也可能是負面的。

⊙ 身心是相互影響的，一個變了，另一個也會變。改變了經驗，
  就改變了感受。

⊙ 每個表現出來的症狀（痛苦、焦慮、憂鬱、腫瘤、感冒等），都
  說明需要採取行動。

⊙ 我們都有責任創造自己的經歷。

第四部分

教練式人本管理 —— 21 世紀出色管理者的必然選擇

教練式管理的中心價值觀：以人為本

誕生於 20 世紀 80 年代的 NLP 教練式管理理論，自從被引進後，就被越來越多的企業管理者所認可和接受。進入 21 世紀，這套全新的管理理念和技術逐漸發展成為風靡全球的管理模式，許多世界 500 強企業甚至將其譽為「本世紀最具革命性效能」的管理模式。而教練式管理之所以會在較短的時間內迅速崛起，最重要的一個原因就在於：教練式管理理論始終堅持和踐行「以人為本」的核心價值觀！

在這種管理方向的引導下，教練式管理對管理教練提出了更高的要求，不是單純的知識和技能的訓練，而是對個人的心態的一種訓練。著名的管理大師彼得·聖吉（Peter M. Senge）在其著作《第五項修練》（*The Fifth Discipline*）中曾經提到，「心智模式」是根植於人們內心深處，對我們了解世界和採取的行動產生影響的假設或成見。但是人們在實際生活中卻不能輕易感覺到內心深處的心智模式及其對人們的行為產生的影響。

管理教練在企業管理中的責任並不是幫助被教練者解決具體的問題，而是藉助教練技術對員工的狀態進行區分和回應，讓他們察覺出自己的狀態，認清和明確自己的目標，從而對自我的狀態進行有效的調整後達成目標。

按照教練在輔導過程中對被教練者所發揮的功能，教練在其中擔當的角色可以用四個比較形象的比喻來形容。

●（1）教練是一面「鏡子」

　　教練在教練過程中就相當於一面平面鏡，可以對被教練者的心態和行為做出最真實的反映。鏡子或許不能告訴你怎樣搭配衣服，但是它可以讓你看到你自己的搭配是什麼樣子的：鏡子可以讓被教練者看到更多的可能性和新的方向，教練的作用就是要引導被教練者看到他的盲點所在，找到問題的根源。在鏡子面前，人們可以清楚地看到自己的衣冠哪裡不合適，而在教練面前被教練者也可以找到自己的問題所在。

　　現代心理學研究顯示，人們在 1~8 歲就可以形成潛意識中的價值觀，在此後的生活中，人們所做的就是透過收集更多的證據來證明自己潛意識中形成的價值觀是正確的。因此，對於 8 歲以上的人，如果還想要透過外在的因素對他進行改變的話，那麼一般情況下他是很難接受的，而此時教練的作用就顯得至關重要了。教練可以幫助被教練者發現自己目前的狀態和目標，並引導他發現問題的所在。

　　魏徵是唐代有名的政治家和思想家，他勇於直言勸諫，為貞觀之治的出現做出了重要的貢獻。魏徵死後，唐太宗經常對身邊的臣子說：「夫以銅為鏡可以正衣冠；以古為鏡可以知興衰；以人為鏡可以明得失。魏徵逝，朕亡一鏡矣。」而教練在教練的過程中造成的正是一面鏡子的作用，透過教練技術來反映真相，幫助被教練者找準自己的位置，看清自己的狀態，了解自己的心智模式和行為模式，並透過其表現直接予以回應，從而使被教練者從自身出發去改善和調整自己，並以更積極的狀態去實現目標。

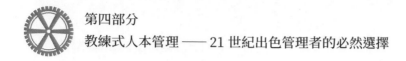
●（2）教練是一個「指南針」

教練是一個指南針，他可以幫助被教練者找準自己的位置，並為他們指明前進的方向，協助他們更快地完成目標。教練的過程是一個有方向的過程，沒有目標也就沒有教練，指南針不會告訴你什麼才是正確的方向，這也是教練技術中表現得比較中立的地方。教練的作用是引導，不僅要引導被教練者發現自己的盲點，找到問題的所在，更重要的是還要引導他們找準目標。相對於盲點，目標更加重要，因為如果找不到目標，那麼整個世界都將變成他們的盲點，因此明確目標是教練的核心技術之一。

如果一個人有明確的目標，那麼整個世界都會幫助他實現目標；而如果一個人沒有目標，那麼他將變成別人實現目標的工具。事實上，並不是所有人都可以認清自己的使命，找準自己的目標，並制定相應的計畫。而教練就需要在其中發揮「指南針」的作用，幫助他們明確自己的目標，找準自己的定位。當然，在教練過程中，教練並不會為被教練者制定計畫和建立目標，而是鼓勵他們自己去尋找答案，「授人以魚不如授人以漁」正是這個道理。

在鼓勵被教練者尋找答案的時候，教練也不會給他們具體明確的指示，以免影響他們主觀能動性的發揮、限制其能力的開發。不管被教練者會選擇什麼樣的行走路線，教練都會像指南針一樣為他們指明方向，幫助他們更快、更有效地完成目標。

●（3）教練是一種「催化劑」

管理教練在教練之前是相信被教練者的，即相信他們具備變化和實現目標所需要的技能和條件，教練在其中的作用就是幫助他們

更快一點實現變化、達成目標，就像催化劑的作用一樣。

之所以說教練是一種催化劑，是因為教練能夠激發被教練者潛在的能力。績效的好壞與人們潛能的發揮程度有著很大的關係。如果被教練者在教練的幫助下明確了自己的目標，那麼這就代表其潛能開始發揮。此外，當潛在能力被激發出來之後，教練也可以讓被教練者看到自己擁有的巨大能量，幫助他們樹立更大的信心，從而以更積極的態度投身到任務和使命中去。當然前提是被教練者具備實現目標的能力。這就需要教練盡可能地想辦法激勵被教練者，讓他們找到更多的方法和選擇，讓他們看到更光明的未來。

● (4) 教練是一把「鑰匙」

將教練比作一把鑰匙，主要展現在兩個方面：一是教練可以像鑰匙一樣開啟被教練者儲藏潛能的盒子，挖掘他們的潛能。教練要從被教練者的需要、價值觀和目標出發，運用相關的教練技巧，引導被教練者向內發掘潛能、向外發展出更多的可能性，讓他們用自己的最佳狀態去實現目標。二是教練可以像鑰匙一樣開啟存在於被教練者心中的枷鎖——存在於他們心中、阻礙他們前行的困惑。每個人的內心中都會存在一些阻礙他們實現目標的內在干擾，比如對失敗的恐懼、在壓力面前的畏首畏尾、對變化的抗拒等，而教練的過程就是幫助他們將內在的干擾降低到最小程度的過程。

NLP 教練式管理將「人本管理」理念融入自己的管理體系中，充分肯定員工的價值以及人性的真善美，致力於喚醒員工內心深度的覺醒，鼓勵員工釋放最大的工作潛能。在如今這個波譎雲詭、競爭激烈的商業環境中，員工的熱情、主動性和創造力是企業建立持

續競爭優勢的重要保證。

而要想實現這一理想效果，管理者不能僅僅將工作重心停留在指揮、決策、控制層面上，而應該投入更多的時間和精力去關注員工的內心世界、滿足員工的內在需求。NLP 教練式管理注重管理者對員工的「輔導」和「支持」，要求管理者幫助員工適應更多角色，從而讓他們在受尊重中實現自我價值，獲得工作上的成就感與滿足感。具體而言，我們可以透過以下幾句話，來體驗 NLP 教練式管理「以人為本」的核心價值觀。

—— 「Rose，妳其實已經做得很好了，讓我們再接再厲，把工作做得更好，怎麼樣？」

—— 「Echo，我對你的工作非常滿意。現在我手中有一個專案，我們來一起來完成它，好不好？」

—— 「Michael，身為新入職員工，你能在如此短的時間內適應工作環境，我認為你很有潛力。放手去做，我看好你！」

—— 「Andy，公司剛接到客戶的一項業務，時間比較緊迫，所以我想讓你帶領部門同事盡快做出一個完善的方案。如果需要什麼幫助，可以跟我說，我會盡量滿足大家！」

類似於這樣的對話，我們在教練式對話中經常能聽到。客觀而言，NLP 教練式管理理念在最大程度上展現出了對人的關懷、尊重和認可，真正把員工的需求和期望放在第一位，鼓勵和支持員工創造更大的價值。而在傳統管理模式中，這樣的對話顯然是不存在的。在以往那種「家長制」、「一言堂」的管理體制中，管理者往往是以「控制者」、「發號施令者」的角色出現的，其背後的觀念通常是：你做得不夠好；我不信任你；我是老闆，你是員工……

　　美國奇異公司是全球最大的技術、製造和服務等多元化產業提供商之一。1980 年代，這家國際領先企業達到了一個極為輝煌的時期，但是輝煌的背後卻隱藏著巨大的危機。由於機構龐雜、等級森嚴等問題，企業對市場的反應越來越遲鈍，業績出現了明顯的下滑。就在這樣一個危急關口，一個挽救奇異公司的人出現了，這個人就是傑克·威爾許，他也是奇異公司歷史上最年輕的董事長和 CEO。

　　傑克·威爾許開展了一系列大刀闊斧的改革，使奇異公司不僅恢復了往日的輝煌，而且也成為了「世界經濟領域的航空母艦」、「當今世界最有價值的公司」，並高居「全球最受讚賞的公司」之首。傑克·威爾許改革的成功離不開其順應時代的全新管理模式和經營理念，而貫穿其中的主線便是其人本管理理念。

　　傑克·威爾許堅信「企業要以人為本才能贏」，並將自己的人本管理理念展現在了智慧、情感、企業文化等方面的管理中，如圖 4-1 所示。

圖 4-1 傑克·威爾許的人本管理

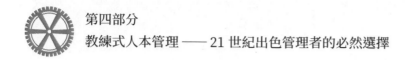

● （1）智慧管理

他曾提到說：「如果奇異的一切決策都依賴於一個傑克·威爾許的話，奇異這艘航空母艦將在一個小時內沉沒……獲取更多競爭力的唯一途徑便是發動組織中的每位成員的智慧，讓所有的員工更多地參與到公司的競爭中來，不再是旁觀者。」1989 年時，他曾經組織了一個讓每個員工都參與和採取行動的「開動大家腦筋」的活動，以頭腦風暴等形式激發員工的積極性和參與感，提高他們的主角意識。這次活動也讓整個奇異公司呈現出了巨大的活力和競爭力。

● （2）情感管理

傑克·威爾許非常重視與員工的情感溝通，他認為不會與員工溝通的領導者就會成為「坐在主管套房裡的囚犯」。在員工面前，他總是十分具有親和力。在他給繼任者傑夫·伊梅特（Jeffrey Immelt）的建議中，有一條特別的忠告，那就是「熱愛員工」。而為了更好地與員工進行情感溝通，傑克·威爾許要求公司採用面對面的管理，也就是說領導者要採取以走動管理為主、能夠直接與員工親近的開放式有效管理。他認為這樣不僅能夠消除企業之間的等級界限，而且有助於培養「大家庭情感」，使員工彼此之間更為尊重、信任，關係更為融洽、和諧。

● （3）企業文化管理

傑克·威爾許重視企業文化，認為企業文化是企業進步的原動力，而企業文化的核心是企業的價值觀。在傑克·威爾許領導奇異公司的 22 年當中，奇異公司形成了「誠信、變革、追求卓越」的企業

核心價值觀，而且，這個價值觀滲透到了企業的營運以及員工的言行業中，奇異公司的每一個員工都擁有一張「奇異價值觀」卡。除明確價值觀外，傑克·威爾許還非常重視員工的學習，努力將奇異公司打造成為一個「學習型組織」。為了能夠盡可能地提高員工的素養，為企業發展培養所需的人才，他還斥巨資創辦了克羅頓維爾（Crotonville）管理學院，人才資源方面的優勢也是傑克·威爾許的管理取得成功和奇異公司雄霸業界的重要原因。

傑克·威爾許的人本管理理念，說明領導者應該健全參與管理與決策的組織形式。以「以人為本」為核心價值觀的 NLP 教練式管理強調對員工的理解、尊重和信任，重視與員工的溝通和交流，致力於激發員工的主角意識的工作潛能，認為管理者應該擺正自己與員工之間的關係，切勿高高在上，盡可能地將管理許可權下放，給員工更多的自主權和決策權。

傑克·威爾許的人本管理理念說明領導者應該提高員工的素養，建立學習型的企業。以「以人為本」為核心價值觀的 NLP 教練式管理強調人的核心地位，認為企業應當把培育員工、提高員工的能力和素養作為經常性的工作。尤其是在科技日新月異的今天，知識更新速度快，技術生命週期短，只有企業的每一個員工都堅持學習，才能夠使企業保持持續的競爭優勢。

傑克·威爾許的人本管理理念，說明領導者應該注重培育企業文化。以「以人為本」為核心價值觀的 NLP 教練式管理強調企業文化的重要性，認為企業文化是一種無形的動力，能夠長期地將員工的積極性轉化為生產力。而企業文化的培育應該注重價值觀的塑造，突出企業的特色，並建立社會目標。

科層制管理模式和扁平化管理模式的比較

科層制又被稱為理性官僚制或官僚制，由德國社會學家馬克斯·韋伯（Max Weber）提出，並在管理中得到了合理運用。科層制管理模式在 20 世紀發揮了重要的作用，促進了企業的迅速發展。隨著商業競爭越來越激烈，科層制的管理模式已經難以適應管理要求，成為了企業管理的絆腳石。

●（1）科層制管理模式容易使企業產生形式主義

科層制管理模式將企業的每個部門、每一職位的職責範圍和權利進行了嚴格規定，在企業的具體營運管理中，導致了管理的形式化、非人格化和程序化。具體運用科層制管理模式的始終是具體的人，而一旦與人有關，原本理性的制度也會變得感性，有時候這種感性就會變成意氣用事。雖然這一制度對員工的職責和許可權進行了嚴格規定，但是任何事物之間都是有關聯的，一旦在許可權分割方面產生分歧，就有可能會導致互相推諉的情況發生。

而且科層制管理模式在辦事時嚴格按照規章制度，會讓員工感到一種公事公辦的冷漠感，這樣一來，管理者就很難贏得員工的信任。

●（2）科層制抹殺了員工的個性，禁錮了員工的思想

科層制管理模式具有明確的內部分工和職位分等，完全忽視了人的需求。程序化的運作模式雖然可以讓各部門的工作井然有序地

開展，但執行者不是電腦，而是具體的人，長時間一直處在科層制的管理模式下，人的分析應變能力就會下降。科層制抹殺了員工的個性，禁錮了員工的思想。

試想一下，如果一對夫妻要正式登記結婚卻還要透過部門的批准，那還有多少人想要自由戀愛？況且，科層制的管理模式按照工作職位確定用人標準，這與當今的社會需要背道而馳。隨著社會需求日趨多元化，人才的需求也越來越多樣化，通常情況下，是因為出現了某一些人才，才產生了一種新興的行業，像品酒師、美食家、旅遊體驗師等，而科層制在相當程度上會限制社會的多元化發展。

因此，科層制已經開始面臨被淘汰的命運，而一種新興的管理模式 —— 扁平化管理模式開始在管理學領域興起和運用。

無論是漫步在高爾公司的辦公區域還是坐在會議室裡，你都聽不到「老闆」、「總裁」、「總監」、「經理」這樣的字眼，因為這些字眼與高爾所追求的平等主義是大相逕庭的。

在高爾公司不存在任何等級和頭銜，但是他們通常有一個最簡單的稱呼 —— 「主管」。在高爾公司，底層的主管並不是由高層主管任命的，而是當同事認為哪一個合夥人有能力擔任主管時，他才會成為主管。一個主管的影響力並不在於他的職位有多高，而在於他的工作能力和個人魅力。在高爾公司，你只要經常能為團隊建設做出巨大貢獻，那你就會被稱為主管，並且能獲得更多的支持者。高爾公司網狀團隊的首創者里奇·貝克漢說：「我們是在用腳投票。如果你用自己的名義召開一次會議，有人來參加，你就是主管。」

特瑞·凱莉能夠獲得執行長的稱號憑藉的就是一種典型的高爾公

司的方式。在前任執行長退休的時候，董事會為了選舉新一任執行長，讓公司的合夥人自由選擇自己想要跟隨的人，最終確定特瑞·凱莉為執行長，而她本人也對這個結果感到非常驚訝。

高爾公司將這種管理方式稱為「自然領導」，透過這種方式公司建立起了一種獨特的系統。在這個系統中，執行者的權力不是永恆不變的，因為團隊成員可以隨時罷免他並選擇新的替代者，因此領導要想獲得持久的權力，必須能夠持續獲得同事們的支持，這也就意味著領導不能濫用權力。

在高爾公司，新入職的員工往往會對「我的上級是誰」、「誰能做決策」等問題感到困惑。在許多公司，這種問題很容易被回答，而在高爾公司，你是得不到答案的。

剛剛被聘任的員工通常承擔範圍比較廣的決策職責，而不是具體的工作，公司為每一個新入職的員工都安排了一個「領路人」，他幫助新人理解公司內部的行話，介紹公司的具體情況，安排新人參觀公司。新人不會被安排在一個固定的團隊中，而是在不同的團隊進行流動，以找到最適合自己的團隊。在高爾模式下，合夥人可以自由選擇領路人，團隊也可以自由選擇新的合夥人。

合夥人不需要對老闆負責，而只需要對他所在的團隊負責。在高爾公司，不需要對員工進行過多的監管，只要給予他們指導和支持，他們就能為公司創造意想不到的價值。

高爾這種管理模式在管理學中又被稱為「扁平化管理模式」，就是指透過減少管理層級、裁減行政管理人員，建立一種緊湊、高效率的扁平化結構。那麼對於現代企業來講，如何做到扁平化管理呢？下面就是我針對這一問題提出的幾點建議，如圖 4-2 所示。

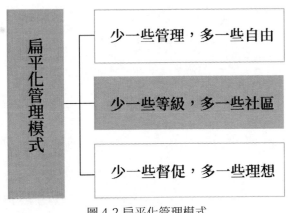

圖 4-2 扁平化管理模式

少一些管理，多一些自由

我們都知道管理者是董事會重金聘請來負責公司的決策、控制和監督等工作的，但實際上，員工的創造力是不可能被管理的，因此現今的管理者往往進入了一種進退維谷的尷尬境地 —— 他們或許可以透過一系列的管理方式讓員工服從管理、提高工作效率，但卻無法保證員工對公司忠誠，也無法提高員工的創新能力。

如何提高員工的忠誠度和創造力是許多管理者經常思考的一個問題，許多成功的管理者會告訴你，對員工少一些監管，多給他們一些自由空間。對於管理者來講，要真正做到這一點似乎並不容易，因為管理者的職責就是管理。

因此很多公司便產生了一個矛盾的問題：一方面是公司現行的管理模式僵化落後；一方面則是管理者抱著建立一種充滿活力，具有創新精神的新的管理模式的美好願望。因此，管理者只有打破舊有的管理模式，給予員工更多自由，才能激發員工的工作熱情和創造性，才能使其為公司創造更大的價值。

近年來在國內許多公司中開始出現「授權」、「員工參與」、「自我管理」之類的詞彙，管理者將員工稱為「工作夥伴」。從表面上看，管理取得了很大的進步，然而實際上，這只不過是掩耳盜鈴而已。

身為管理者，你是否深入基層？據你了解，員工真正獲得自由了嗎？他們在工作的時候真正遵從自己內心的想法嗎？他們有權利來選擇自己喜歡的工作嗎？公司對員工真正授權了嗎？

當你的員工勉強接受一項工作任務時，他們在工作中就不會充滿熱情；當你對他們監管太多時，他們就會心生怨氣。事實上，過於嚴苛的監管制度帶給員工的只是限制和約束，很難讓他們有工作熱情和創造力。因此要對員工少一些管理，多一些自由。

少一些等級，多一些社群

你是否曾經做過一些讓你非常感興趣並且為之振奮的工作？比如說，跟許多優秀的同事共同完成某一個專案；跟一些非常有愛心的人士一同去偏鄉義教；跟一群篤信宗教的人們一起去教堂禱告……

這些能激發我們熱情的工作，通常有一個共同點：一群人懷著共同的信仰和價值觀投身於某項事業或工作，他們不會因資源匱乏而止步不前，也不會因為技術的限制而放棄，因為他們有一個共同的目標，那就是齊心協力、共同完成這項工作。簡而言之，他們組成了一個擁有共同信仰和價值觀的社群。

科層體制雖然能夠集聚各方的財力和資源，並且能夠合理協調和安排不同的工作任務，但卻壓制了員工的積極性和創造力；相反，社群體制則有利於激發員工的工作積極性和創造力。在科層體制

中，企業與員工交換的基礎是勞動契約，人們透過完成管理階層交代的工作任務而獲得相應的報酬；而在社群體制中，交換的基礎卻是員工的意願，員工工作是為了獲得創造未來和發揮自身潛能的機會。在科層體制中，人是生產過程中的一個生產要素；而在社群體制中，人是重要的合作夥伴，是實現奮鬥目標的寶貴資源。

科層體制是透過一系列的自上而下的管理系統和相應的流程來對員工進行監督和控制的；而在社群體制中主要透過明確規範標準、建立共同價值觀、相互激勵和自我完善來對員工進行管理。科層體制中的獎勵往往是物質方面的；而社群體制中獎勵則大多是一種對員工精神方面的滿足。相對於科層體制，剛剛進入企業管理領域的社群體制看似不是很完善，但正是因為這種「不完善」，才激發了人們的積極性和創造力。

許多管理者認為，社群體制是一種烏托邦式的理想主義，在實際推行時將寸步難行。在這裡我想解釋的就是：社群體制並不是說只要給員工「精神食糧」就可以了，我們都需要用金錢來滿足我們的基本生活需要，當然你的員工也不例外。

我們可以來做一個假設：如果在未來的一年裡，全球又要經歷一輪大規模的經濟危機。你打算透過削減員工 1/4 的薪資來應對這次危機。再者，假設你的公司的經營效益本身就不好，而且每名員工對於公司來講都不可或缺。如果你要在經濟危機來臨之前，既要削減薪資，又要降低員工離職率，那麼你應該進行怎樣的調整和改革呢？毫無疑問，社群體制是最佳的改革舉措。

少一些督促，多一些理想

　　人的靈感和創造力都是上天賦予的。對公司而言，員工是否願意在工作中發揮他們的才能是他們的自由，強求不來。所以，如果你只是一味地讓員工努力工作，命令他們用最好的態度對待客戶，要求他們提高產品的創新速度，那麼你的員工是不會心甘情願地貢獻他的才能的。

　　許多公司為了激發員工的積極性和創造力，會經常召開動員大會，管理者在臺上發表慷慨激昂的演說，或許員工在下面聽得群情激動、熱血沸騰，但是這種興奮感是不能保持多長時間的，員工的熱情消退之後，一切又會恢復到原來的狀態。因此說，說教式的宣傳和動員並不能真正激勵員工。

　　我認為激勵員工最好的方法是理想，而不是督促和管理。真正的激勵是來自於一種精神層面的責任感，這種責任感會激勵員工發揮自己的創造力。像蘋果公司、基因泰克公司（Genentech）等這些知名的大公司都在運用這種激勵政策。

　　這種責任感不是透過管理就可以強加給員工的，更不是一次慷慨激昂的演講和幾句簡單的宣傳語就可以培養出來的。責任感源於員工對公司的一種崇高使命、對未來的一種奮鬥和希望。

　　遺憾的是，許多管理者在會議上卻很少談及公司的目標和使命。要想讓員工無私地奉獻出他們的才能，就是要讓員工感受到他們的工作都是為了實現共同的人生價值和崇高的理想。

尊重員工價值，有效激發出員工潛能

21 世紀的企業管理是以人為中心的管理，人力資源被公認為當今企業最寶貴的資產，它所具有的創造性和可持續性是世界上任何一種物質資產都無法比擬的。通用汽車公司前總裁小阿爾弗雷德·斯隆（Alfred P. Sloan）曾經向人們這樣說過：「你可以拿走我所有的資產，只要把員工留給我就行，我保證在五年之內就可以將我原來的資產賺回來。」這句話深刻表明了人力資源難求的道理。因此，如何尊重員工價值、有效激發員工潛能，就成為企業管理者必須要認真考慮的問題了。

企業是由人組成的統一整體，因此企業的人力資源管理就應該以員工為中心，將員工視為管理的核心，充分激發員工的工作積極性，發揮員工的主導作用。在企業中能否提高員工的潛能和素養就成為了人力資源管理成敗的關鍵。每一項工作的完成都需要員工的密切配合，因此，在企業中貫徹以人為本的管理理念是保證企業正確決策和實現企業經營目標的重要一環。員工與企業在追求社會性需求方面是一致的。員工追求自身的滿足，企業追求自身利益的最大化。可以將以人為本的管理理念簡單總結為「四個人」，即尊重人、依靠人、服務人與發展人。

身為管理者，你要以一種全新的方式來看待你的員工，將每一位員工都視為具有潛力的人才，讓每一位員工都能充分實現自己的價值。

研究顯示，如果員工都能在團隊中傾注感情，那麼這個團隊通常就能取得非常出色的業績。何況當你的員工以真誠和熱情對待你

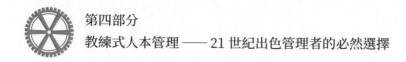

的客戶的時候，客戶一定會報以同樣的熱情和真誠。員工與客戶之間的這種情感互動會成為企業持續發展的動力。

俗話說：「金無足赤，人無完人。」每個人都有自己的長處和短處。管理者與其不斷糾正員工的缺點，不如認真發掘他們的長處，幫助員工合理利用自己的優勢。心理學研究顯示，人通常有 24 種情緒天賦，這些天賦通常都是透過思維、感覺和人的日常行為表現出來的。

管理者可以透過對人的這些天賦進行分類，更加細緻深入地了解員工，進而利用他們的優勢。比如在員工中，有善於將枯燥的話題表達得十分有趣的「溝通者」；有善於化解矛盾糾紛的「和諧者」；有喜歡與人競爭的「好勝者」；有善於替他人著想的「換位思考者」等等。管理者可以根據員工的這些情緒天賦合理地安排他們從事相應的工作。

通常來說，管理者要重視員工的八項需求，具體如圖 4-3 所示。

圖 4-3 員工的八項需求

1. 工作的意義。要讓員工看到自己工作的價值與企業目標的實現
   具有重要的關係。要讓員工明白自己的工作是如何與企業的將
   來相關聯的，企業文化有什麼價值，自己和企業的價值又展現
   在哪些方面。

2. 親密合作的工作氛圍。每一個員工都希望在相互團結合作的環境
   中工作，他們都希望能透過與其他夥伴的密切合作獲得勝利。

3. 公平公正的原則。企業為每一位員工提供薪資、福利，分配工
   作時，都應該遵循公平公正的原則，這樣員工才能心甘情願地
   為你工作，員工之間也才能相互信任、相互尊重。我曾經做過
   一項調查，結果顯示，造成員工離職的最大的因素就是企業未
   給他們提供公平公正的待遇。

4. 自主獨立。每一名員工都渴望自己能夠獨立完成某項工作任務，
   希望自己有足夠的能力和充足的資訊來參與某項方案的決策。

5. 肯定。員工都需要被讚賞，需要自己的成績得到上司的認可和
   肯定。

6. 成長空間。員工需要有學習、成長的空間來滿足自己職業發展的
   需要，公司也要讓員工感受到自己的提升是職業發展的重要一環。

7. 與管理者的關係。員工都希望與管理者一起分享資訊，並與他
   們建立親密的夥伴關係。在真誠信任的基礎上建立起來的夥伴
   關係，不僅能夠創造和諧的工作環境，還能激發員工的工作熱
   情，使其將工作完成得更出色。

8. 與同事的關係。與管理者的關係一樣，同事之間建立良好的關
   係，相互之間進行學習競爭，也有利於員工更加努力地學習和
   工作。

　　企業要想獲得持續穩定發展，管理者就必須設法吸引和留住企業的優秀員工。而今，高薪資已經不再是企業留人的唯一途徑，因為很多員工已不僅僅只考慮薪資了。他們還會考慮工作環境和團隊氛圍，自己的付出是否能得到相應的回報和肯定，能否被授權獨立完成工作，是否能在工作中鍛鍊和提升自己，是否有升遷的空間，以及他們自己能否影響企業的決策。

　　因此，那種不具有前瞻性眼光、只依靠命令的方式來進行管理的領導方法，已經不再適應競爭愈演愈烈的商業環境了。當今所需要的領導應當能夠使員工參與度更高，重視長期發展的目標，關注員工對工作的滿意度。

　　當今許多企業的管理模式正在發生天翻地覆的變化，原因就在於大部分員工在這種傳統的管理模式中並未獲得他們想要的東西，而且這種管理模式正在阻礙員工能力的發揮，企業也在面臨業績不斷下滑的危機。

　　因此，管理者要學會激鼓勵團隊中的每一個成員，為員工營造一個輕鬆和諧的工作環境，幫助他們不斷成長。一名卓越的管理者能為員工提供一個良好的工作環境，讓他們能盡情地發揮自己的優勢，為他們提供學習的機會。員工不會願意服從於那些只懂發號施令和進行績效評估的管理者，他們希望管理者能夠輔導和支持他們，幫助他們實現目標、實現自己的價值。

　　在重視了員工的價值、發現了員工的優秀潛質之後，怎樣才能將員工的潛力激發出來並進行有效利用呢？為此，我總結了幾種做法，具體如圖 4-4 所示。

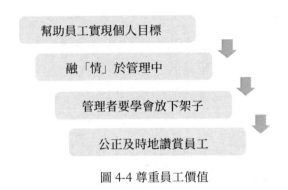

圖 4-4 尊重員工價值

幫助員工實現個人目標

員工是企業重要的組成部分，是企業生存和發展的基石，沒有員工的個人成長，就不會有企業的飛黃騰達。因此，管理者要將公司的發展目標與員工的個人目標相結合。幫助員工成長發展、最終實現個人目標，就等於促進了企業的成長發展，實現了企業未來的發展目標。

事實上，大部分員工都希望自己能在工作中表現出色，自己實現更好的成長。但是，如果這種希望是別人強加給自己的話，員工就可能會產生反對情緒，原本的動力就可能變成發展的絆腳石。管理者應該幫助員工建立超越個人需求的工作目標，並就這一目標與員工達成一致。

如果每一位員工都能感受到自己的工作價值對企業的發展至關重要，他們的一言一行都有可能對企業的發展產生影響，那麼他們在企業中就會有一種家庭責任感，就能自己找到提高工作效率的方法，為企業獲得更大利益打下基礎。

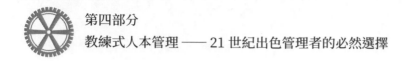
融「情」於管理中

雖然企業管理的客體是人，但是管理學中的「管人」並不是要捆住人的手腳，將人管得死死的，而是要尋找合適的方法發揮人的最大潛能。人類是一種重感情的動物，管理者在進行管理的時候，不僅要執行嚴格的規章制度，更要在管理中融入自己的情感和關愛，這種管理才能深入員工的內心，員工才能自覺遵守企業的規章制度，管理也才能發揮最好的效果。

只有愛你的員工，員工才會更愛你的企業。當今，這種全新的管理模式已經為越來越多的管理者所接受。實踐表明，沒有什麼能比關心和愛護員工更能激發他們的工作熱情和提高他們的工作效率了。

管理者要學會放下架子

不要認為你是管理者，就什麼事都自己說了算，更不要用自己的「標準」去要求員工。要學會放下自己的架子，忘卻自己是管理者這件事，在與下屬進行溝通的時候要有真誠平和的心態，並學會對表現突出的員工大膽授權，給予他們鼓勵和信任，讓他們學會獨當一面。

管理者不擺架子，團隊的員工之間才會互相關愛，工作積極性也才會很高。在任何一個企業中，個人目標與企業目標從本質上來說是一致的，企業需要提高員工的工作效率，以獲得更大的利益，實現更高的目標；而員工則希望透過企業規模的擴大和利益的提高來獲得更好的薪資待遇。因此管理者要統一員工的意識，幫助員工實現個人目標，最終使企業實現更大的目標。

公正及時地讚賞員工

　　管理者在對員工進行激勵的時候要注意以下三個原則：金錢不是留住員工的唯一途徑；不輕易承諾，一旦承諾就要堅決信守；員工的成功可以為企業孕育更大的成功。如果員工達到了你的工作要求，你一定要兌現你之前的承諾，這樣可以將員工的工作行為與回報連繫起來。薪資只是回報的一部分，而不是全部，管理者也不應將金錢視為對員工進行激勵的唯一途徑，否則可能會導致更加糟糕的狀況。在許多情況下，當面讚賞表現出色的員工或透過書面致謝都會收到意想不到的效果。進行非金錢獎勵時一定要公正並且及時。

　　激發員工潛能還要注意幾點：

⊙ 鼓勵員工做自己喜歡的事，要符合自己的價值觀；

⊙ 為員工提供業務技能方面的培訓；

⊙ 在企業中營造鼓勵創新的工作氛圍；

⊙ 幫助員工突破自我的局限；

⊙ 使員工個人的價值追求與企業的價值追求相統一，即員工個人目標與企業目標要達成一致；

⊙ 在管理者與員工之間、員工與員工之間創造和諧的人際關係；

⊙ 對員工進行正面的激勵；

⊙ 要允許員工犯錯誤；

⊙ 幫助員工進行有效溝通；

⊙ 教會員工進行有效的思考；

⊙ 指導員工利用思維導圖；

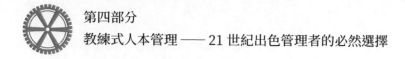
⊙ 運用視覺化方式激發員工潛能；

⊙ 運用音樂方式激發員工的潛能；

⊙ 讓員工學會在工作中放鬆；

⊙ 幫助員工調節工作與休息的關係。

員工既是下屬，也是工作夥伴

人是企業最重要的資源。企業失去了人，就如同魚失去了水，連生存都談不上，更遑論發展。因此，管理者只有將員工當作工作夥伴，尊重員工價值，才能滿足員工的深層次需求，促進企業的飛躍發展。

霍華‧舒茲（Howard Schultz）童年生活的陰影成就了如今這個管理者將員工當作工作夥伴的星巴克（Starbucks），他在上海的一次「SNAI-ASU 企業家高層論壇」上，為與會者講述了一個不以賺錢為目的的星巴克的故事。他認為管理的精神和核心就是關注員工的成長。他建立了美國歷史上第一個「期股」形式 —— 公司所有員工都持有公司的股票。

關注員工的成長

星巴克一直因為其特有的用人制度而享譽世界，並被授予「全球最佳僱主」的稱號。星巴克的薪資在業界並不是最高的，它的 30% 薪資由獎金、福利和股票期權構成，雖然一些國家中星巴克的員工薪資中沒有股票期權，但其管理的核心仍舊是關注員工的成長。

星巴克為員工設計了「自選式」的薪資結構，員工可以根據自身需求自由選擇和搭配薪資結構；公司還為員工準備了旅遊、子女教育、進修、出國交流等福利和補貼；公司還會根據員工的不同狀

況給予各種補助。由此，星巴克真正實現了人性化管理，加強了員工與企業之間的連繫，增強了員工與企業共命運的決心。

星巴克這一特有的企業文化源自於舒茲的童年經歷。他從小生長在紐約的貧困街區，父母沒有固定的工作，7 歲時，他父親外出送貨時腳踝受傷，而父親所在的公司並沒有給予任何的健康保險和補貼，父親的身體和自尊都受到了極大傷害。

這件事對舒茲的世界觀產生了極大的影響，他發誓要打造一個不一樣的企業理念 —— 在維護股東利益與承擔社會責任這兩方面尋找一個平衡點。

● 所有員工持有公司股票

舒茲在 1987 年收購了星巴克咖啡公司，並建立了美國歷史上第一個星巴克「期股」形式，即公司所有員工都能獲得公司的股權並獲得健康保險。這一政策在剛剛實行的時候公司是虧損的，許多人都不認同他的做法，但是舒茲用實踐證明了這一政策的正確性。1982 年，星巴克在美國上市，市值 3 億美元，而到 1996 年，星巴克的市值已接近 300 億美元！舒茲一直堅持「成功與員工、顧客共享」，他不為賺錢為目的的「為商之道」正是星巴克取得成功的一個重要原因。

從星巴克的例子我們可以看出，星巴克成功的一個重要因素就是沒有把自己的員工當作自己的下屬，而是將他們視為工作夥伴。那麼管理者應該怎樣做才能將員工當作自己的工作夥伴，進而贏得員工的信任呢？

平等而真誠地對待員工，把員工當朋友

員工是企業中最寶貴的資源，因此管理者要經常與員工進行溝通和交流，努力為員工營造和諧的人際環境。管理者在對待企業中的每一名員工時都應該秉承著平等和真誠的態度，要經常走進員工的工作和生活，了解員工的真實需要，更好地滿足員工；要挖掘員工的能力和潛質，幫助員工實現自己的人生價值，激發員工的工作熱情和積極性。具體做法如圖 4-5 所示。

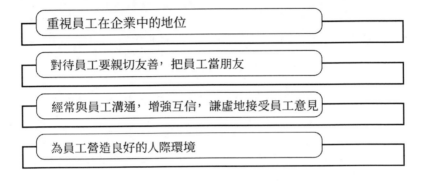

重視員工在企業中的地位

對待員工要親切友善，把員工當朋友

經常與員工溝通，增強互信，謙虛地接受員工意見

為員工營造良好的人際環境

圖 4-5 平等而真誠地對待員工

● (1) 重視員工在企業中的地位

員工是企業發展的主體，因此管理者要充分發掘員工的潛力。員工的素養和能力是關係企業發展的重要因素。在管理中，如果員工感覺工作枯燥無味，那麼管理者可以嘗試著增加一些樂趣和花樣，為員工營造一個愉快的工作環境，激發員工的創造力。管理者的工作不是發出指令，而是在必要的時候給員工提供一些建議和指導，給員工充分的自由和空間，讓他們獨立完成工作。管理者要與

員工之間進行互動與合作，在公司有重要的慶祝活動的時候，與員工一起參與活動和分享快樂；要重視員工在企業文化建設中的重要作用，為員工創造表現自己的平台和機會。

● （2）對待員工要親切友善，把員工當朋友

管理者要想充分激發員工的工作積極性，就必須把員工當朋友，並且要平等對待每一位員工，處處為員工設想。對於持有不同意見的員工，管理者不要急著去反駁他們，而是要學會傾聽；只有這樣，員工才能感受到被重視，你也才能贏得員工的尊重和信任，他們也才會支持你的工作。管理者還要鼓勵員工多提意見和建議，以幫助自己找到解決問題的最佳方案。

● （3）經常與員工進行溝通，增強互信，謙虛地接受員工的意見

一個成功的管理者是善於傾聽的管理者，他們能夠在與員工交流的過程中洞察到有效的資訊並加以使用。當然，管理者不僅要學會傾聽，還要能聽懂員工的意思。因此，在與員工溝通的時候要專心致志，不要心猿意馬；不要對員工存在偏見，在對方說話的時候不要隨意打斷，必要的時候可以做一下筆記，表明對他的尊重。經常與員工進行溝通和交流不僅有利於解決矛盾，還能夠拉近管理者與員工之間的距離，增進雙方之間的親密感。

● （4）為員工營造良好的人際環境

員工的主觀能動性和創造力的發揮往往會受到工作環境的制約。管理者在對待員工時要親切和善，極具親和力。管理者還要不斷理順企業中各種複雜的人際關係，既包括管理者與員工之間的關

係，也包括同員工與員工之間的關係。這樣做不僅可以為各類人才創造展示才華的人際環境，還可以提升員工對工作的滿意度，提高員工的工作效率。

尊重和關心員工，為員工的成長創造條件

尊重和關心員工屬於一種感情投資，要想留住員工，就要在企業內部創造一種和諧的家庭氛圍，增強員工的歸屬感，讓員工在工作時有家的感覺。只有為員工創造一種輕鬆愉快的成長條件，才能激發他們的工作積極性，使其最大限度地發揮自己的潛能。

●（1）要學會欣賞和尊重每一位員工

尺有所短，寸有所長。每個人都有自己的優缺點，管理者要學會欣賞員工的優點，幫助他們克服缺點，將優點發揚光大。在員工向管理者提出建議時，管理者應該肯定他們的真誠和責任心，欣賞他們勇氣。能夠得到管理者的肯定和欣賞，這對員工來講實質上是一種正面的激勵，能鼓勵員工更加努力工作。

●（2）鼓勵員工參與管理

管理者可以鼓勵員工根據自己的工作經驗和在實際中遇到的問題對企業管理提出自己的見解，即使他們大多數的建議沒有用處，但只要有一個能發揮作用就會給企業帶來意想不到的價值。對於員工的意見和建議，管理者要虛心聽取，群策群力，讓每位員工都能為企業的發展出謀劃策。

● (3) 關心員工的成長

企業員工眾多，員工的能力有高有低，管理者可以透過加強培訓、團隊學習、增強交流的方式幫助員工成長。鼓勵員工從實際出發，從小事做起，沿著設定的目標不斷堅持下去，直到到達勝利的彼岸。

體貼關懷，精心呵護

企業的發展離不開員工的支持。身為管理者，要意識到員工絕不是只會勞動的工具，他所能發揮的主動性、積極性和創造力能夠對企業的發展發揮重要的作用。因此，管理者要經常深入員工的工作和生活，主動為員工解決困難，愛護和尊重員工。只有這樣，員工才能與企業形成命運的共同體，以更加積極的態度投身到工作中。

● (1) 關注員工的日常生活

管理者要明白「員工的事就是企業的事」，你只有愛你的員工，員工才會愛你的企業。管理者要走進員工的工作和生活，了解員工的真實情況。當他們遇到困難時，要及時給予幫助和疏導，與員工建立起密切的、和諧的夥伴關係，進而贏得員工的信任和支持，增強員工對企業的歸屬感和認同感；當員工取得成績時，要及時給予表彰和獎勵，鼓勵員工更加努力工作；當整個團隊獲得成功時，要及時與員工一起分享成功的喜悅，增強團隊凝聚力。

●（2）重視對員工的感情投資

人是一種有感情的動物。在實現目標的道路上，必定充滿了荊棘，要想獲得成功，僅僅靠信念作支撐是遠遠不夠的，管理者還要經常與員工進行感情上的交流，用關心和愛護去滋潤員工的心田。比如員工過生日時送一份溫馨的小禮物，在假日安排一起出遊，安排集體聚餐等。這樣員工感受到了來自企業的關心和重視，自然會心甘情願地為企業賣力。

●（3）愛護和體貼員工

雖然企業是以營利為目的，但員工是企業營利的重要幫手，因此企業管理者也要經常關心和愛護員工。企業要引進先進的工作裝置，加快產品的更新換代，減輕員工的工作強度；採取切實可行的方法，改善員工的學習、工作和生活環境，維護員工的身心健康。透過愛護和體貼員工，發掘員工的潛力，提高員工的創造力，這是企業獲得成功的重要一環。

提供一個自由寬鬆的工作環境

安德魯·卡內基（Andrew Carnegie）曾經講過這樣一句話：「如果你帶走我的員工，而把工廠留下，工廠很快就會雜草叢生；相反，如果你拿走我的工廠，把員工留下，我不久還會有一個更好更大的工廠。」然而在實際的企業管理中，管理者往往過分重視自身的模範帶頭作用，卻忽略了與客人進行直接接觸的員工的作用。

在很多企業中，管理者享用了企業眾多的優惠條件和學習鍛鍊機會，但由於個人的力量有限，因此在他們面對不斷變幻的市場環境和客戶的時候，往往顯得力不從心。那麼，身為管理者，就應當將能更好地發揮員工的潛能問題放在工作的首位。

企業要創造更大的價值，就必須提高產品和服務的品質，而要做好這一步的關鍵就是轉變傳統的管理觀念，以關心、理解和幫助員工為出發點，給員工提供一個自由寬鬆的工作環境；減輕員工的精神壓力，為員工創造更大的發展平台，讓他們盡情地施展才華；充分尊重員工的個性和價值，並根據員工的工作表現為其提供相應的薪資待遇。

只有這樣，企業才能煥發生機和活力，才能在企業預設的發展前景的指引下創造出更高的效益。下面我們就拿 Google 公司為例，看其是如何為員工提供自由寬鬆的工作環境的。

當你走進 Google 公司的辦公大樓的時候，你就會覺得這裡簡直就是個遊樂場，在這裡你可以想吃就吃，想喝就喝，想玩就玩，如

何安排作息時間可以完全看你的心情。公司對員工上班時的著裝也不做統一安排，員工可以按照自己的個性和愛好選擇自己喜歡的衣服，就算是將孩子和寵物狗帶到辦公室也不會有人提出異議。「每天早晨我都感覺自己不是要去公司上班，而是要去天堂旅行。儘管電腦程式設計是件非常枯燥並且令人疲倦的事情，但因為公司就像是遊樂園和旅遊勝地，並且公司裡還設有撞球室、咖啡館和休閒室等休閒娛樂場所，因此沒有員工會感到無聊和疲倦。」Google 的一名員工曾經向我們這樣描述道。

Google 別具一格的「自由式」辦公區也讓很多去過 Google 的人留下了深刻印象。在辦公區裡，沙發隨處可見，員工可以坐在沙發上隨意喝咖啡和聊天，剛剛進入 Google 的人甚至都分不清辦公區和休閒區。

Google 公司有著名的十大信條，而其中之一就是「認真不在著裝」。Google 的一名負責人曾經向我們這樣介紹道：「我們公司的工作氛圍十分輕鬆，在排隊等咖啡的時候、開展小組會議和在健身的過程中，新的想法和創意就會不斷湧現，我們彼此之間會進行交流、交換想法，然後這些想法就會被以飛快的速度進行測試，測試合格後就會被投入市場實際應用，通常這些想法和創意會在世界範圍內創造新的奇蹟。」

Google 還設立了一個名為「首席文化官」的職位，主要工作就是保持 Google 獨特的文化，讓員工感到快樂。這種策略在業界引起了廣泛關注。

Google 還為員工建立了完善的福利制度，如三餐免費、醫療免費，提供免費的洗衣服務和定期的滑雪娛樂等，員工在接受個人培訓時也會有相應的生活補貼。

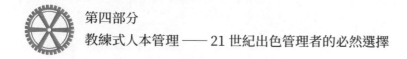

此外，Google 還給員工 20% 的工作時間自由選擇做自己感興趣的專案，這樣做的目的是為了鼓勵員工進行更多的創新，無怪乎許多到過 Google 公司的人會看到有一些員工在工作時間玩遊戲了。

實際上 Google 公司「20% 自由時間制度」遵循著一個重要的原則，那就是充分信任員工，大膽給員工授權。員工還會自覺對這 20% 的自由時間進行調整。這樣的結果就是，很多員工除了完成公司安排的工作之外，還能拿出許多讓人意想不到的新創意。像 G-mail、GoogleNews 等產品大都出自 20% 的自由時間。

那麼，怎樣才能提供自由寬鬆的工作環境給員工呢？下面是我針對這一問題提出的幾點建議。

建立科學有效的激勵機制

要想有效地激勵員工，管理者必須摒棄過去那種單純的物質獎勵。我曾經做過一份調查，結果顯示：有一半以上的員工認為自由寬鬆的工作環境是留住他們的主要因素。因此身為管理者，要採取有效的激勵機制，給員工提供寬鬆自由的工作環境，充分激發員工的工作熱情。具體做法如圖 4-6 所示。

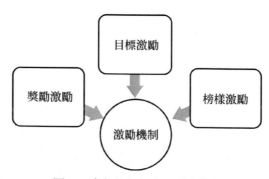

圖 4-6 建立科學有效的激勵機制

●（1）獎勵激勵

及時對員工的工作業績進行獎勵，會讓員工感受到成就感、被信任和被尊重，從而更加努力地工作。馬斯洛需求層次理論認為這些都屬於人們的基本心理需求。因此，要讓獎勵激勵發揮最大的效果，還須將物資獎勵與精神激勵進行有機結合。

●（2）目標激勵

企業發展到一定水準和規模，無論是管理階層還是員工都會不同程度地得到滿足感，進而產生惰性，這時就要採取目標激勵等有關措施來讓員工不斷樹立新的目標，創造為實現新目標而不斷努力的新的「興奮點」。

●（3）榜樣激勵

管理者要注意在員工中發現、培養和樹立榜樣，利用榜樣的力量激勵員工。

關懷激勵、讓員工親自參與企業管理等類似的激勵方法都能對員工產生激勵作用，管理者在運用的時候要注意考慮企業的內部因素和外部因素，因地制宜，有的放矢。

對員工進行人性化和個性化的管理

管理者與其說是管理員工，不如說是與員工進行溝通和協調。員工的需求就像顧客的需求一樣各式各樣，有的員工要求調整薪資，而有的員工則要求企業能夠提供一些額外的利益。既要考慮大多數人的利益，又要滿足個人的需求，這類問題處理起來比較麻煩，通常情況下是選擇得罪個人。如果員工知道你是出於關心和維

護大多數人的利益而得罪個別員工，他們肯定會更加支持和理解你的工作。當然，針對部分員工的不滿情緒你也要學著去平復，放下你的架子，與有異議的員工進行親密的溝通，了解他們為何會有這種需求；必要的話，你可以為他們提供私人幫助。這樣做不僅可以幫助真正有困難的員工解決困難，而且更能在員工中樹立威信。

努力建立一種獨特的企業文化

努力在企業中建立一種互相信任、積極努力、團結向上和凝聚力強的企業文化，這不僅可以提高員工的忠誠度，還能夠形成一種特有的工作氛圍。

●（1）誠信是企業人本管理的基礎

一位訪問學者向我們講述了他在美國飯店工作的一段經歷。他說，在那家美國飯店裡，管理者給予了員工充分的信任。比如說允許總檯的收銀員出現一定數額的差錯，在經主管確認後，可以不必扣收銀員的薪資；在櫃檯的接待者有獲得相當大的折扣款的機會，他們工作的靈活性非常大。然而在這種輕鬆自由的環境下，卻很少有員工越軌，員工工作熱情和積極性都很高，極大程度地發揮了自己的潛力。究其根源，就是在企業中建立了一種誠信的人文環境。員工在這種環境裡工作自然就會自覺遵守誠信的原則，工作熱情也會更高。

●（2）在企業中建立學習型團隊

企業除了要關注員工的工作表現之外，還應該重視員工的職業生涯建設，盡可能地為員工搭建發展的平台。企業要讓給員工了解

到學習不僅僅是為了企業，更是為了自己。企業要為員工創造更多展示才華的機會，並引導他們建立雁陣型團隊；鼓勵他們發揚不怕苦、不怕累的精神；要平等對待每一位員工，為每一位員工提供專門適合自己特點的學習機會。在其他員工需要幫助時，要主動出手相助，協助其完成工作，增強團隊凝聚力。「三人行，必有我師焉」，管理者還應鼓勵員工之間相互學習、取長補短。

馬斯洛需求層次理論：滿足員工不同層次的需求（上）

21 世紀是知識經濟的時代，企業人力資源管理的核心是實現人本管理。採取措施有效激勵員工、最大限度地發揮他們的潛能，已成為目前國內企業人力資源管理的最終目標。我透過對馬斯洛需要層次理論進行分析，總結了運用各種激勵方式滿足員工不同層次需求的做法，旨在為企業的人力資源管理提供借鑑。

當今世界正朝著經濟全球化和一體化的方向發展。企業之間的競爭已不僅僅是資本的競爭，還是一個企業的綜合實力和科技水準的競爭，而在其中發揮決定作用的則是人才的競爭。

在現代管理學理論中，馬斯洛需要層次理論占據著重要的地位，尤其是當今的企業管理面臨著 21 世紀知識經濟的挑戰，熟悉和掌握馬斯洛需要層次理論並在管理中實際應用，對保持企業的人才優勢，保障企業未來的持續穩定發展具有重要的現實意義。

馬斯洛需求層次理論最早是由美國心理學家（Abraham Maslow）提出的，後來被廣泛應用於各個領域。具體而言，馬斯洛需求層次理論主要包括以下內容，具體如圖 4-7 所示。

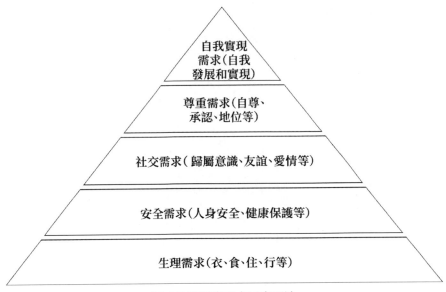

圖 4-7 馬斯洛需求層次理論

● 第一層：生理需求

這是人類最基本的需求，主要指衣、食、住、行等滿足人類基本生理機能方面的需求。通常這些需求是人類所有需求中最強烈和最迫切的。

● 第二層：安全需求

安全需求指能讓個體免於身體與心理恐懼的一切需求，如穩定的收入、安定的生活環境、良好的福利制度和健全的法制等。安全需求是人們對人身安全、穩定生活以及免遭痛苦和疾病的一種需求。當一個人的生理需要得到滿足之後，安全需求就產生了。

● **第三層：社交需求**

社交需求主要指社交欲和歸屬感，是指能滿足人類個體與他人交往的需求，比如友誼、愛情、歸屬感等。當一個人的生理需求和安全需求都得到相應的滿足之後，人們就會產生滿足社交需求的願望。

● **第四層：尊重需求**

尊重需求主要包括自尊需求和他尊需求兩種，既能滿足他人對自己的認可，又能滿足自己對自己認可的需求，如名譽、地位、尊嚴、自信、自尊、承認等都屬於尊重需求的範疇。

● **第五層：自我實現需求**

在馬斯洛需求層次理論中，自我實現需求是處在最高層的一種需求，是指人們希望做與自己能力相匹配的工作，最大限度地發揮自己的潛能，發揮自己的創造力，最終實現個人理想和抱負。當然自我實現需求產生的前提是前面四層需求都得到了滿足。

馬斯洛需求層次理論假設，任何一種特定需求在需求層次中的地位和其他更低層次需求的滿足程度決定了人類對這種需求的強烈程度。馬斯洛需求層次理論還認為，激勵的過程是動態、亦步亦趨和有因果連繫的。

在激勵的過程中，有一套不斷變化的重要的需求控制著人們的行為，當然這種等級關係並非是適用於所有人的。比如像社交需求和尊重需求這樣的中高層需求的排列順序往往因人而異。馬斯洛明確提出，人類的生理需求是最容易得到滿足的，而處在最高層的自我實現需求則是很難得到滿足的。

在分析了馬斯洛需求層次理論的基礎上，要滿足員工不同層次的需求，就要將基於此理論的激勵措施應用於人力資源管理中。

我們這裡所講的激勵是指企業為員工提供外部獎勵和工作環境，透過一定的行為規範和懲罰性措施，規範和約束員工的行為，最終使企業和員工實現預期目標。

在運用馬斯洛需求層次理論對員工進行激勵的時候，首先要了解員工到底有什麼需求。處在不同國家、不同企業、不同時期以及擁有不同背景的員工，他們的需求不僅有區別，而且這些需求還是動態變化的。因此，管理者在對員工進行激勵的時候，首先應該採用各種方式對員工的需求進行調查，弄清員工的哪些需求還沒有得到滿足，然後再對症下藥。

薪資激勵

薪資激勵在激勵員工的眾多措施中占據著非常重要的地位。但是這裡所講的薪資激勵是一種很複雜的激勵方式，不單單指金錢方面的激勵，還有成就和地位的激勵等，具體如圖 4-8 所示。

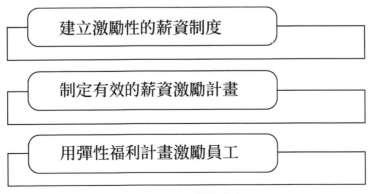

建立激勵性的薪資制度

制定有效的薪資激勵計畫

用彈性福利計畫激勵員工

圖 4-8 薪資激勵

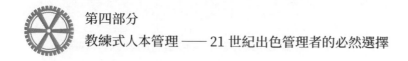

● (1) 建立激勵性的薪資制度

　　管理者應該在遵循公平、競爭、激勵、經濟和合法性原則的基礎上，建立起合理的薪資制度。只有這樣，薪資才能發揮它的作用，員工才能得到激勵，企業才能降低人才流失率。管理者還要做到賞罰分明，使真正努力的員工獲得相應的回報，濫竽充數的員工也要受到適當懲罰。

● (2) 制定有效的薪資激勵計畫

　　對於企業中的普通員工，可以採用按照工作業績讓員工拿提成的方式激勵其努力工作；而對於中高層管理者，就可以為他們提供各種獎金和分紅；對於專業技術人員的激勵計畫要與新產品開發的週期一致。

● (3) 用彈性福利計畫激勵員工

　　為員工提供保險、帶薪休假、業務用車、進修和培訓機會等，讓員工對工作更滿意。企業除了要按照國家統一標準為員工提供一部分福利外，還應該允許員工在其他福利上有一定的選擇權，使企業在福利管理中掌握主動權。在對員工的薪資進行定位時，不僅要考慮這個職位為公司創造的價值，還要以員工個人的能力為依託，同時要考慮員工的資歷。

分享激勵

　　分享利潤不僅是企業與企業之間共同進步的基石，更是調節企業與員工之間關係的一條重要紐帶。分享的目的就是為了實現雙贏，而雙贏就是互惠互利。這不僅表現在金錢上，而且還包括產權分享、工人參與制、員工持股等基於利潤分配的權利，具體如圖 4-9 所示。

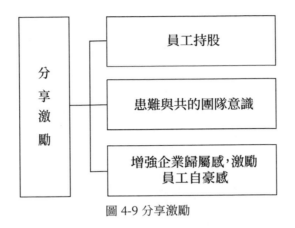

圖 4-9 分享激勵

● （1）員工持股

　　讓員工持股有利於為員工提高更多的保障，降低企業的人員流失率。將員工持股與社會保險進行結合，有助於員工增加收益，解除員工退休後的顧慮，有助於穩定軍心，讓員工長期為企業盡心盡力工作。但凡事有利就有弊，讓員工持股容易使員工認為企業福利收益制度已經固化，長此以往不利於發揮其本該有的激勵作用，所以管理者還要有一定的預留機制，以便對新老員工都不斷產生激勵作用。

● （2）患難與共的團隊意識

　　患難與共的團隊意識往往最能增強一個團隊的凝聚力。通常情況下，共患難所形成的牢固關係會產生一種同仇敵愾的意識。在企業中，管理者與員工一起共同體驗艱辛，經歷困難，對員工有極大的鼓舞作用，員工也會產生與企業同舟共濟的決心，進而心甘情願地服從上級的領導。管理者在逆境中要與下屬同心協力、克服困難，在順境中要與下屬分享成就和榮譽。

● (3) 增強企業歸屬感，激勵員工自豪感

　　管理者要學會尋找與下屬的共同點，彼此之間相互信任，增強團隊的凝聚力和向心力。要為員工提供自由寬鬆的工作環境，制定利潤分享的計劃，為員工提供升遷機會。員工的自豪感的形成是一個長期累積的過程，管理者要從點滴小事做起，激發員工的自豪感和成就感。

目標激勵

　　目標激勵就是指透過設定目標來激發員工的動機，指導員工的行為，將員工的需求與企業的目標結合起來，激發他們的工作熱情和工作積極性。為企業設定目標，不僅會對員工產生激勵作用，而且也會為企業的發展提供明確的方向。這種激勵以理想和信念為支撐，是一種高層次激勵方法。

● (1) 設定目標要明確

　　管理者在為企業設定目標時要考慮目標的可行性和合理性。目標分為總目標和階段性目標。總目標可明確企業發展方向，規範企業的發展軌道；但總目標的達成是一個複雜的過程，時間久了會讓人感到遙不可及，甚至影響員工的工作積極性。因此，管理者要採取「大目標、小步伐」的方法，將總目標分成若干個階段性目標，透過完成一個個階段性目標，最終達成總目標。

● (2) 強化績效考核

　　管理者要在月度、季度、年度對員工的業績進行考核，獎優罰劣。給業績突出的員工以升遷的機會，對沒有達成目標的員工則不

要一味責罰，要幫助其找到原因並指導其改善。這不僅有利於員工及時改正自身不足，提升自己的工作能力，而且還有利於促進員工個人和企業發展考核制度的制定和完善。

●（3）要重視目標激勵的方式

在對員工進行目標激勵的時候也要重視方式方法的運用，管理者要根據企業所在行業和職位的特點，為不同的員工提供不同的發展途徑和升遷空間。對於員工發展和升遷的方式，需要在職位說明書中明確提出，在員工剛剛入職時也要向員工做出明確解釋。

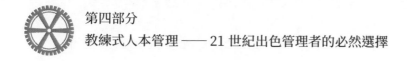

馬斯洛需求層次理論：滿足員工不同層次的需求（下）

精神激勵

精神激勵是經常被管理者拿來使用的一種激勵方式，對鼓舞員工士氣、激發員工的工作熱情發揮至關重要的作用。在員工的物質性收入達到一定水準、滿足了基本生活需要後，金錢等物質方式的激勵作用就會減弱，精神激勵所發揮的作用就會越來越大。精神激勵更富人性化，它所產生的能量是物質激勵遠遠比不上的。

●（1）把員工視為公司的主人

管理者要讓員工意識到自己的工作對公司的發展是有意義的，實現自己的人生價值就是為公司創造價值，要讓員工感受到自己就是公司的主人，從而樹立強烈的主角意識。管理者還要經常與員工進行溝通，了解員工的具體想法和基本動向，不斷更新公司的制度以留住人才。安捷倫科技公司為了讓員工感受到自己是公司的「主人」，即便在公司最困難的時候也沒有裁員，而僅僅是壓縮了公司的開支，採取了全員降薪的方式渡過難關。

安捷倫公司告訴員工，不要把工作當作一種責任，而應該當作一種動態行為。實踐證明，把員工視為公司的主人可以更好地吸引和保住人才，有利於降低企業員工的離職率，應徵的新員工的品質也會提高。

一是要及時把握員工的具體想法和心理動向，不斷更新留住人才的制度。每個員工在每個階段都會有不同的想法，管理者要做到

隨機應變，相機改變激勵的方式。二是鼓勵員工學習第二技能，以應對複雜多變的競爭。商業競爭愈演愈烈，員工的工作性質隨時都有可能發生變化。為了讓員工適應這瞬息萬變的社會，管理者要鼓勵和幫助員工學習第二技能，為員工創造學習的條件，讓員工在不同領域進行嘗試。安捷倫公司（Agilent Technologies）在這一方面就做得很好，其尊重每一個員工，並且對每一個員工的發展負責。

●（2）把員工當作企業的「親人」

美國惠普公司（Hewlett-Packard Company）的出色表現不僅僅是因為公司卓越的業績，還在於其尊重與信任員工的企業文化。在惠普公司，實驗室備品庫是向員工全面開放的，甚至還允許工程師在企業或家中任意使用庫中存放的電氣和機械零件。惠普公司認為：無論他們拿這些零件做什麼，只要他們擺弄這些玩意，就總能學到一些東西，這對公司來講未嘗不是一件好事。

惠普公司沒有作息表也沒有考勤表，員工可以根據個人情況靈活安排工作時間。惠普也很重視員工的培訓，即便員工流失率一直居高不下，惠普也沒有放棄對員工的培訓。惠普的創始人比爾·休利特（Bill Hewlett）說，惠普的成功主要得益於對員工的重視，惠普深信每一個員工都想有所創造。比爾認為，只要提供給員工適當的學習環境和條件，他們就一定會做得更好。

●（3）尊重和維護員工的人格尊嚴

摩托羅拉公司一直將「肯定人格尊嚴」作為公司的管理理念，尊重員工的尊嚴和價值。在摩托羅拉，員工所認為的人格尊嚴主要包括：寬鬆自由的工作環境、明確的個人前途、開放的溝通管道、

充足的隱私空間、充分的培訓機會和完善的離職安排六個方面，如圖 4-10 所示。

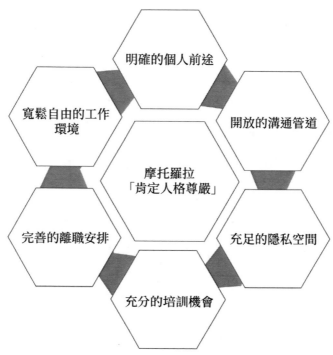

圖 4-10 摩托羅拉「肯定人格尊嚴」

摩托羅拉公司在員工離職問題的處理上，尤能展現對員工的足夠尊重。公司盡量避免裁員，當有特殊需要時，管理者會根據員工的業績、技能和服務年限等對員工進行評比考核，做出最終選擇。有些對公司做出突出貢獻的員工還有特別的適用條例，比如說在公司工作滿 10 年的員工未經董事長和總裁同意不得隨意裁減。

當員工因個人或公司業務的需要而離開公司時，公司還將為他們提供一些額外的幫助，比如為他們安排其他工作、幫忙介紹其他工作機會、發放補償金和繼續發給某些福利或薪資等。摩托羅拉

這種以人為本、尊重人、重視人的經營理念，有利於在公司內部形成一種員工和企業相互尊重的文化氛圍，有利於創造和諧的工作環境。

摩托羅拉認為，尊重是管理的基石，因此公司在創辦之初，就創造了一整套以尊重人為宗旨的制度，後來這一思想又滲透到企業文化的各個層面，形成了一種摩托羅拉特有的文化。摩托羅拉還認為，尊重包括肯定員工價值、給予特殊信任、創造和諧的工作環境以及滿足員工的具體需求四個層面的含義。

●（4）讓員工在工作中收穫快樂

人生的本質就是享受一種滿足感，如果讓員工在工作中感到滿足，對公司的發展一定會產生意想不到的效果。香港殼牌公司將（Shell）員工視為公司的寶貴資源，並且始終堅持「以人為本」的管理理念。公司認為，要想讓員工在工作中有最佳表現，就必須引導他們在工作中獲得滿足感。為此，香港蜆牌公司採取了三大措施，我們可以從中借鑑。

⊙ 為員工創造更多的參與機會。公司經常邀請不同部門的員工參與不同的工作小組，大家對某個專案共同進行討論。每個員工都有自己最熟悉的工作程序，也最清楚如何控制成本和開展工作。為員工創造參與機會，有利於員工更好地發揮自己的專長與潛能，從而為公司創造更大的價值。

⊙ 激發員工的創造潛能。公司定期為員工安排一些戶外活動，比如說高空行走、射擊、攀岩等高難度活動，幫助員工適應外界的變化，培養他們勇於接受挑戰的決心和勇氣。

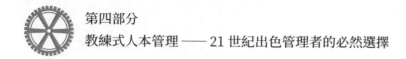
⊙ 幫助員工設計職業規畫。公司相信員工身心的平衡對公司的發展至關重要，因此公司推出了一系列員工個人發展計畫，並與一家顧問公司進行了合作，主要幫助員工解決個人專業、績效管理、退休等方面的問題，爭取照顧到各類員工。員工還可採用電話預約的形式，與輔導顧問見面、進行面對面溝通。

參與激勵

研究顯示，每個人都有潛在的才能，如何激發他們發揮自己的潛能就成了管理者的頭等大事。實踐證明，讓員工參與管理並鼓勵他們發表意見可以很好地激發員工的潛能。而作為企業管理者，需要積極聽取和採納員工的想法、建議和意見。豐田公司（TOYOTA）在這方面就做得很成功。1951 年，擔任豐田汽車公司總經理的豐田英二（Eiji Toyoda）透過實施「動腦筋創新」的制度，大大提高了員工的工作熱情和工作積極性。他創立了「動腦筋創新委員會」，並為委員會制定了具體的規章制度。他在工廠建立了意見箱和「建議商談室」，員工無論是對機器的發明製造、程序的改進還是材料消耗的評估等都可以提出自己的建議。這樣做不僅能讓管理者聽到工廠第一線的意見，還能及時了解員工對技術的掌握程度。員工們透過「動腦筋創新」制度，發現了創新的樂趣，不僅發揮了自己的潛能，還獲得了巨大的滿足感。

寬容和原諒員工的失誤

松下電器（Panasonic）公司是日本第一家擁有精神價值觀和公司之歌的企業。公司對待員工非常寬容。對於犯有嚴重錯誤的員

工，管理者不是一味地採取嚴肅處理政策，而是給他們一個機會將功補過。這樣做不僅穩定了員工的情緒，而且也能贏得員工的尊重。松下幸之助曾說過：如果你只是犯了一個誠實的錯誤，那麼公司可以原諒你，並可以將這次錯誤作為一次投資；但如果你背離了公司的精神價值，就會受到嚴厲的批評甚至有可能被解僱，公司不會為你的錯誤買單。

激勵員工的創新精神

成功會使人獲得成就感。如果給員工提供創新的機會，他們就會渴望追求成功。要讓員工獲得成就感，可以充分運用員工的創新心理，為他們提供創新的機會，激勵他們追求成功。

IBM 公司實行了別具一格的激勵創新的政策。對於曾經創新並獲得成功的員工，公司不僅授予他們「IBM 會員資格」，而且保證他們在未來五年的時間裡有充分的時間和資金進行創新。員工有選擇設想、嘗試冒險、規劃未來、獲取收益的自由。這種激勵創新的政策被譽為最經濟的創新投資方式，不僅滿足了創新者追求成功的心理訴求，而且也能讓他們獲得一定的收益。

激發團隊士氣

研究發現，經常發自內心地微笑可以提高人的生理狀態，極大地改善人的精神面貌，從而激發工作熱情和提升工作積極性。

美國俄亥俄州一家鋼鐵和民用蒸餾公司的子公司經營不善，這成為總公司一直頭疼的事。後來丹尼爾擔任了子公司的總經理，公司的經營狀況迅速發生了變化。原來丹尼爾並沒有在子公司內進行

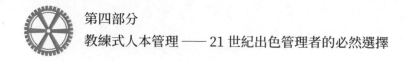

大刀闊斧的改革，而只是在公司裡到處貼上了這樣的標語：「請把你的笑容傳達給周圍的每一個人。」

而且丹尼爾平時總是滿面春風，遇到員工的時候就微笑著向他們打招呼，在向員工徵求意見的時候也會面帶笑容。他能清楚地叫出 2,000 多名員工的名字。在他的感染下，極大地提高了員工的工作熱情，僅僅三年的時間公司的生產效率就提高了 30%。

這與西雅圖的一家公關公司採取的「增加歡樂氣氛」的政策有著異曲同工之妙。馬克是這家公司的老闆，為了讓公司增加一些歡樂氣氛，他創造了「增加歡樂氣氛」這一政策：每個季度都會抽出一天的時間帶所有員工去看電影；員工每年都有 4 次機會，關掉手機、盡情地欣賞露天音樂會；每週一次的午餐會為員工提供各種水果和飲料；公司給予員工在平時隨意著裝的自由，員工可以根據自己的喜好選擇自己感覺舒適的衣服。

這些特殊方法都能讓員工保持高昂的士氣，在工作中堅持不懈、奮勇向前。

第五部分

教練式溝通管理 —— 建立高效能組織的基石

教練式溝通能力之一：聆聽

每個人都有自己獨特的聽的思維，從心理學角度來看，人們往往喜歡聽自己喜歡的東西，或者按照自己的方式去理解聽到的東西。通常在這種情況下，人們或許並未理解對方的真實意思，因此，大部分人在聽的時候只能真正理解其中的 25%。

在管理學領域，我們可以將聽分為以下幾種境界，如圖 5-1 所示。

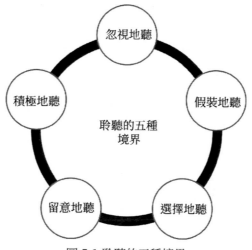

圖 5-1 聆聽的五種境界

1. 忽視地聽。意思就是你講你的，但我不聽，左耳進，右耳出。
2. 假裝地聽。看上去好像很認真地在聽，眼睛也會一直盯著對方，還會時時點頭進行肯定，但實際上沒聽進去多少。
3. 選擇地聽。只聽我自己想聽的東西，對於自己不感興趣的一概拒絕。

4. 留意地聽。這種聽算是比較高階的一種，聽者不光能聽到講話者所說的話，還能理解其話語背後的深意。

5. 積極地聽。這是最重要的，也是我們教練技術所提倡的聆聽法則，就是指聽者暫時忘卻自我，集中精神去聆聽講話者的話語內容，身臨其境，雙方一起體驗和分享談話的過程。

　　舉世聞名的管理大師卡爾‧羅傑斯（Carl Rogers）為了改善管理者與員工之間的溝通，提倡積極聆聽法則。積極聆聽就是指以積極主動的態度去聆聽對方所講的事情，了解事情真相，以便更好地解決問題。積極聆聽是教練式管理者最重要的能力，也是首先應該必備的一項技能。這種技能並不是生來就有的，而是透過後天的學習和鍛鍊獲得的。

　　日本的「銷售之神」原一平說過，「善於聆聽比善於辯駁更加重要」。他還說，「我們要用 80% 的時間去聆聽別人所講的東西，只用 20% 的時間去講話就可以；在這 20% 的時間裡，我們又要花去 80% 的時間去提問題，然後用剩下的時間去表達自己的觀點」。因此，教練式管理者要學會積極聆聽。

　　聆聽到底聽的是什麼呢？僅僅是聽他們講話嗎？當然不是，如果你僅僅是聽他們的講話內容的話，就並不能了解講話者的真實想法。因此，聆聽的最高境界就是聽出情緒、聽出假設、聽出真相、聽出渴望和需要，更要聽出矛盾和偏差，聽出謙虛和和善。積極聆聽可以幫助管理者獲得更多的有效資訊，促進與員工之間的談話，有利於管理者及時處理員工的意見，有助於表達自己的意見，有利於與員工保持良好的溝通氛圍。積極聆聽的態度首先應該是忘卻自我，然後是專心和平和，最後就是坦誠和開放。

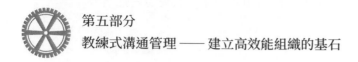
在電視節目中，由於節目時長的限制以及主持人本身的控場欲望，主持人中途打斷嘉賓講話的情況非常普遍。

某個節目中，主持人詢問一個小朋友長大後的理想，小朋友自信滿滿地說：「我要當飛行員！」主持人又問：「如果有一天你開著客機在天上飛時，飛機沒油了，怎麼辦？」小朋友很有把握地說：「我讓乘客繫好安全帶，然後我就繫好降落傘跳下去！」此時，小朋友的回答被主持人的笑聲打斷，他認為小朋友要丟下乘客逃跑，可實際上小朋友的話還沒有講完，小朋友後面的話是：「我趕緊找油去啊！我無論如何要帶油回來的！」

小朋友的純樸天真十分感人，可是主持人剛一聽小朋友要搶先跳傘就迫不及待打斷了他的話，小朋友後面的話就不一定有機會說出來了。

在企業的營運過程中，類似的情況每天都可能發生，很多領導者在與下屬溝通交流時，經常會打斷下屬的講話，而這樣造成的結果就可能是對原本資訊的誤解甚至歪曲，這種情形下制定的決策往往是不明智的、不符合事實情況的，甚至可能會對企業的發展造成無法估量的傷害。

在與下屬的溝通中，領導者一定要擁有傾聽藝術，要會聆聽員工的聲音，聆聽客戶的需求。傾聽可以帶來很多好處，首先，認真的傾聽是對講話者最大的尊重，別人也會用他的熱情和不偽裝的感激來回報你的真誠；其次，透過聆聽他人的表達，可以更深入地了解他人，增強溝通效果；再次，聆聽他人的傾訴，可以幫助他人減輕壓力，理清情緒；最後，聆聽還有助於化解衝突，消除抱怨情緒。

有效聆聽的兩大目標：獲取資訊和延續對話

有效的聆聽可以幫助人們區分事實與演繹，在紛雜的資訊中去偽存真，獲取真實的資料與數據，從而有效提高決策的正確性。

—— 有效的聆聽是了解上司、同事與下屬的感受、觀點與需要的最佳工具。

—— 在遇到意見分歧時，有效的聆聽有助於找到令彼此滿意的協商解決辦法。

—— 有效的聆聽可以表達出對講話者的尊重和接納，有助於更好地了解對方感受。

在企業營運中，員工如果能夠感受到領導的尊重與關心，就會更願意坦露自己的真實感受，在這個過程中，員工的壓力得到舒緩，更容易產生對企業的歸屬感和對工作的動力。

有效聆聽可以使員工願意聽取領導的意見，從而有效執行。在管理人員的日常工作中，花費在聆聽上的時間占據了 30%~40%，是最為重要的經營管理技巧，有效的聆聽可以迅速建立起員工對領導者的信任，同時有助於提高員工的工作積極性。

在個人事業發展中，聆聽是非常重要的溝通技能，每一次認真的聆聽都是增加知識和價值的機會。很多在自己從事的行業中取得非凡成就的人，都將自己的成功經驗歸結於聆聽，比如專門采訪世界頂級領袖和名流的美國超級電視節目主持人賴瑞·金（Larry King）就曾公開表示他的成功技巧在於聆聽，從認真聆聽的過程中學到了各種知識。

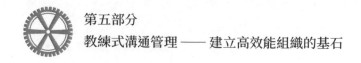

如何進行有效的聆聽

聆聽的重要性不言而喻，然而現實中能真正做到認真聆聽的人其實不多。因為聆聽並非簡單地聽，它其實需要專業的技巧，要站在講話者的立場上以他的視角去理解對方、接受對方、感受對方；而如果做不到這些，不僅無法發揮正面的效果，反而容易引起對方的反感，造成雙方之間的衝突。

科學研究顯示，大腦處理資訊的能力大大超過了說話速度，說話的速度大概是大腦思考速度的 1/4，也就是說，當一個人聽到一句話的時候，大腦其實可以想到 4 句話，所以大腦有足夠的空閒在聆聽的時候偷懶一會，想想其他的事情。另外，如果一個人長期習慣於多說，那麼他的傾聽能力就會變得越來越差，這種人會變得越來越固執，以自我為絕對的中心。

曾經有一個年輕人向智者蘇格拉底求教演講技能，為了表現出自己出色的口才，年輕人一見到蘇格拉底就開始滔滔不絕地大講特講。在收學費的時候，蘇格拉底要求年輕人交雙倍學費，對此，蘇格拉底解釋說：因為這個年輕人需要先學習另外一門課程，那就是怎樣閉嘴，之後才能學習如何開口的課程。

要進行有效的聆聽，需要從以下方面努力。

●（1）有效的傾聽，首先必須搞清楚聆聽的方向

與表面的資訊相比，傾聽的目的更側重於客戶的心聲，尤其那些埋藏在客戶心底的，甚至沒有講出來的聲音。對於客戶的心聲，可以從三個方面來把握：動機，也就是出發點，想一想對方為什麼要這樣講；信念，就是在對方的語言中所隱含的前提假設；情緒，表現為講話的音量、節奏、音調，以及肢體語言。

● （2）提升聆聽能力的「3R」模式（如圖 5-2 所示）

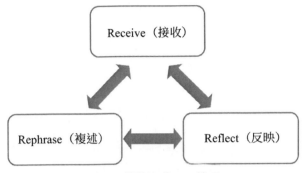

圖 5-2 聆聽的「3R」技巧

　　有一個通用模式可以幫助領導者提升聆聽的能力。首先，聆聽者要接收（Receive）講話者的觀點；然後，聆聽者對於接收到的資訊要有所反映（Reflect），這不但表示自己真的在聽，也是對講話者的尊重和鼓勵；最後，當聽完了講話者所講的內容後，聆聽者可以嘗試對聽到的內容進行簡單的複述（Rephrase），藉此驗證一下自己記住了多少。

● （3）在聆聽的過程中，聆聽者還需要關注講話者的肢體語言

　　因為肢體語言也會表達出重要的資訊；同時，聆聽者也要注意自己的身體姿態。

⊙ 聆聽者應該面向講話的人，以此表達出親切的態度。但是面對面的對視也不好，容易給講話者造成一定的壓力，一般來說，雙方坐在側身相對的方位比較合適。

⊙ 聆聽者不可以端著主管架子，不可以抱臂、蹺二郎腿或靠在椅背上，這樣顯得對他人很不尊重，會給講話者留下不好的印象。

⊙ 在交流的過程中，聆聽者要與對方保持適當的目光接觸，以真誠而專注的目光接觸對方，但是要避免長時間的注視或死盯著對方不放。

⊙ 在與對方做深度的溝通時，隔著辦公桌不是一個明智的選擇，因為辦公桌從一定程度上代表了主管的權勢。相較而言，會議室或者茶館、咖啡廳等中立場所更適合雙方交流。在交流的過程中，聆聽者應該盡量身體前傾，顯示出對員工的專注。

不要小看這些內容，在與他人進行交流溝通時，一些小小的訊號都會傳達出重要的內容。比如，身體前傾就表示對談話內容很感興趣；手放在嘴前面就意味著對自己的回答不確定或感到有困惑；雙手交叉抱在胸前往往暗示著反對情緒；雙臂展開則表示適應。

在講述內容與肢體語言相背離的情況下，肢體語言表達的意思更為可信。

管理者應該學會辨識這些肢體語言細節，這樣才能更深入地了解員工的真實想法。但是，所有這些都不是一成不變的，在觀察對方之前要先將自己的個人情緒清空，抱著中立的態度，運用自己的經驗對每一個肢體動作表達的意思進行逐步的測試與求證，這個過程是一個長期的訓練成長的過程。

● （4）掌握一些具體的聆聽技巧

⊙ 閉嘴。這是一個說起來簡單做起來難的技巧，聆聽者一定不要打斷對方的表述，只有閉上嘴才可能進行專注的聆聽。

⊙ 忍耐心。聆聽別人的講話需要很大的耐心，對講話者而言，聆聽者的耐心也許是最好的禮物。

⊙ 凝視。傾聽別人講話的時候，適當地凝視對方的眼睛，可以讓
  對方感覺到自己被尊重和重視。

⊙ 忘掉自己的感受。以中立的態度傾聽對方的講話，不要代入自
  己的感情，因為人們沒有辦法完全了解其他人的真實感受。

⊙ 不要分心。聆聽需要百分之百的專注，千萬不可以走神。

⊙ 觀察說話的人。這樣可能發現對方在表情、語氣等方面的微妙
  變化，而這些細微的動作通常能夠透露出更多的資訊。如果講
  話者講述的內容與身體語言表現得不一致，那麼，聆聽者觀察
  到的肢體語言也許會更接近事情的真相。

⊙ 不要爭論。聆聽的重點在於專注地傾聽，不要打斷對方的表述，
  即便是在心裡也不要反對。即使聆聽者有不同的觀點，也一定要
  先聽對方表述完畢後，再提出自己的意見。

⊙ 聽出說話人的特點。如果聆聽者能夠發現講話人的特點，比如個
  人的喜惡、動機、價值觀等，就更容易對講話者做出適當的回應。

⊙ 不要先入為主。對講話者先入為主的印象很可能會干擾你的傾
  聽，所以聆聽者一定要避免根據對方的衣著、髮型等第一印象
  將其定位於某些框架內。

⊙ 給對方充分的時間。耐心地等待對方把話說完，如果對方表述的
  內容過於繁瑣，聆聽者可以先記錄下其中的重點。

聆聽的訓練方法

聆聽反映、提問問題、複述內容、總結歸納和表達感受等聆聽
技巧，可以幫助管理者提高聆聽的效率，而這些聆聽技巧也都有相
應的訓練方法，如圖 5-3 所示。

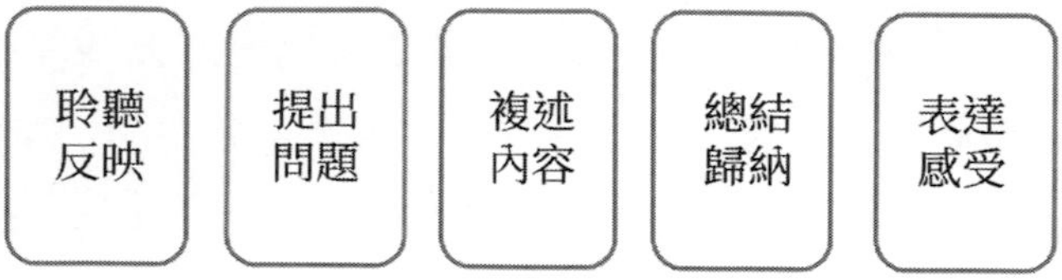

聆聽反映	提出問題	複述內容	總結歸納	表達感受

圖 5-3 聆聽的訓練方法

● （1）聆聽反映

在聆聽的過程中，對聽到的內容表現出適當的反映。

「太好了」、「非常棒」等都是可以頻繁使用的詞，它們都能讓講話者感受到聆聽者對自身的肯定，因而聆聽者可以多多使用，甚至將這些詞變成口頭禪。口語化的藉口的使用也很簡單，比如常見的電話回應「我正要打電話給你呢，你就先打來了」，這種回應很明顯是謊言，但是對方並不會因此而感到生氣，這種善意的謊言就是可以巧加使用的，隨時可以拿來使用，而且不會讓人覺得尷尬。

● （2）提出問題

如果談話過程中發生沉默，聆聽者可以適當地提一些問題來對講話者進行及時的引導，比如「你說的是不是這樣的意思」，如果對方答「是」，聆聽者接下來就可以針對之前的觀點表達自己的意見；如果對方不是這個意思，就可能再換種表述方式，從而讓溝通繼續進行下去。

● （3）複述內容

在講話者表述完一個部分的內容之後，聆聽者可以將聽到的內容簡單地複述一遍，藉此抓住講話者表述內容的重點，理清它們的脈絡。

● （4）總結歸納

無論是在強調重點、確認理解還是想要結束談話的時候，聆聽者都應該對講話者表述的內容進行必要的總結和歸納，這一點非常重要，透過這些歸納總結，可以為下一次的溝通累積經驗。

● （5）表達感受

在與他人進行溝通的時候，聆聽者可以適當地表達一下自己的感受，讓對方覺得你在某種程度上與他感同身受，這樣對方會更願意與你繼續溝通。

每個人都是相對獨立的個體，都有自己的人生軌跡，兩個人之間的交流必須建立在人生軌跡交叉的基礎上，也就是說，雙方必須擁有某些共同的東西，可以讓彼此產生交叉甚至共鳴。「我也有過這樣的經歷」「我也同樣遇到過這樣的困難」，這些表達共同感受的句子就可以充當交叉點的作用，使溝通能夠繼續進行下去。當然，這些表達必須是真誠的，否則非但起不到應有的作用，反而可能讓對方產生被欺騙、被玩弄的感覺，讓溝通變得更糟。

教練式溝通能力之二：區分

區分對於教練來說也是應該具備的一種能力，區分能力的高低也是衡量教練是否優秀的一種重要標準。教練在幫助企業解決問題、實現目標的過程中，做得最多的工作就是幫助企業進行區分，很多時候，企業就是在教練一步步的區分中慢慢走出迷宮、找到答案的。區分能力越強，教練能力也就越強，對企業提供的幫助也就越大。

那麼什麼是區分呢？教練一般是在信念層面上進行輔導的，可以在這個層面上幫助客戶進行區分，找到自己的信念盲點；同時還可以幫助客戶對自己有一個更深刻的了解，明確自己的定位，不斷開拓自己的信念範圍。也就是說，區分就是透過發問、回應和隱喻等表現形式，幫助企業或個人區分不同、從中找出差異。

理解層次模式

理解層次模式（也可以稱為邏輯層次模式）是 NLP 大師羅伯特·迪爾茨（Robert Dilts）在 1980 年代創造出來的一種行為改善技巧。在這種理論之下，人的心理 —— 行為構造被分成了六個層次，如圖 5-4 所示。

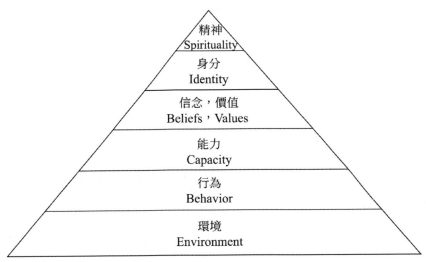

圖 5-4 理解層次模式的六個層次

⊙ 精神：代表自己與整個世界的關係。（人生的意義是什麼？）

⊙ 身分：自己應該用什麼身分去實現人生的意義。（我是誰？我要怎麼過完自己的一生？）

⊙ 信念，價值：與這個身分相配的信念和價值觀是什麼。（為什麼這麼做？有什麼意義？）

⊙ 能力：我有哪些選擇？我還需要掌握哪些能力？（怎樣做？懂不懂？）

⊙ 行為：我們採取的動作。（做什麼？有沒有做？）

⊙ 環境：外在的條件和障礙。（什麼時間，什麼地點？其他人和事物是怎樣的情況？）

　　一般情況下，我們只會用到後五個層次。當人們在遇到問題或者困難時，如果能夠找到這個問題或困難存在於哪一層，那麼就能快速地找到解決的辦法。

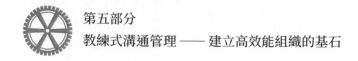

●【案例】孩子的數學成績不好怎麼辦？

⊙ 環境：這不是孩子的錯，教室裡面太亂了，學校經常發生的一些事情也容易使孩子分心。（主要是外在的環境因素，對孩子的影響最小）

⊙ 行為：這次沒考好，是因為準備不夠充分。（將責任放到了孩子身上）

⊙ 能力：他在數學方面的悟性一直比較差。（已經將問題上升到了一個高度，不是單純停留在這次考試上了，而是擴大到了一般的能力上了）

⊙ 信念，價值：這次數學考試不重要，重要的是要培養孩子對學習的興趣。（意義的範圍進一步擴大，已經涉及價值觀層面了）

⊙ 身分：他太笨了，學不了數學。（可以說這個是一個更高的層次，直接指向了人的本質）

層次越低的問題，解決起來也越容易，通常只是涉及環境和行為層次的問題比較容易解決，但是當問題上升到更高層次時，解決的難度也就越來越大。一個低層次的問題在高層次更容易尋找答案，反過來說，如果是一個高層次的問題，但是卻用一種低層次的方法來解決，那麼問題將很難得到解決。理解層次模式除了能理解解決的可能之外，也可以應用在以下幾種情況。

⊙ 當有一個重要計畫時，可以按照理解層次，由低到高地逐層進行檢討。

⊙ 當遇到一個重要難題時，可以按照理解層次的順序，由低到高尋找問題的根源，並找到解決的方法。

⊙ 當員工遇到困難時，也可以幫助他們運用理解層次的次序，一步步找到問題，並思考解決的方案。

理解層次被看作教練技術的核心，同時也是教練型領導的核心管理工具，掌握理解層次的運用技巧，可以幫助管理人員在面對工作和生活中出現的問題時能夠快速地找到問題的癥結所在，進而順利地對問題進行處理。

周哈里窗模式

「周哈里窗理論」（Johari Window）認為人們對世界的了解和認知都是由隱私部分、公開部分、潛能部分和盲點部分四方面構成的。教練就是要運用專業技術幫助當事人增加對自己的了解，減少認知的盲區部分，並引導當事人去接受和正視在自己學習、工作和生活中發生的所有事件，鼓勵員工大膽地講出內心的真實想法，幫助員工開啟心中夢想，激勵員工為了實現夢想而持續地超越自我，以此來激發當事人的巨大潛能，進而取得優秀的職業表現。

上堆下切平行技巧

這是教練技術體系中一種簡單易學的區分技巧，且該技術具有廣泛的適用性，與理解層次模式和周哈里窗模式等結合運用效果更理想。在教練過程中運用上堆、下切、平行的區分技巧，主要是透過發問來引導溝通內容的範圍擴大或聚焦，或者讓當事人意識到解決問題的更多選擇。

上堆的目的是與對方建立一致的溝通氣氛，在溝通中採用含義廣闊的字詞去暗示意義上的共通，進而讓對方建立接受和容許教練引導的

197

感覺。因為意義是潛意識層面的，具有很強的主觀性，無法完全用語言表達，所以上堆的技巧就是要首先在語言層次取得意義上的一致感，進而引發當事人產生更多新的思考方向。採取含義廣闊的話題作為談話內容，將目標話題變成這一廣闊話題的一部分。只有將溝通內容的焦點放大，才能引發對方產生更多新的思路，讓對方的認知範圍更寬、更大、更高。

下切就是引導對方縮小話題的範圍，對溝通內容進行精準聚焦，引導對方對關鍵話題進行真實意思表達。

平行就是引導對方意識到實現同樣目的和意義的更多的可能性思路，找出更多同類別和同層次的其他選擇，讓思路更加開放、生活更加豐富。

從溝通層面上講，上堆會使溝通的內容更加豐富開闊；下切則能夠對問題有更加精準細緻的認知；平行則是發現解決問題的更多可能性，找出更多的選擇方案。

從理解層次上看，上堆更多是要在信念、精神和價值觀領域取得一致；下切則是關於行為、能力環境等與實踐相關的溝通。這一技巧的功能是從上、下、平行三個方向來擴充套件溝通內容，取得更加理想的溝通效果。

上堆和平行在教練式溝通中發揮著重要的啟發作用，下切才是指向工作目標、制定行為方案的關鍵環節。在實際工作中我們的目標常常顯得比較宏偉，每個人往往都需要面對內容龐雜的工作，很多時候容易產生無所適從的感覺。此時就需要運用下切技巧首先讓自己鎮定下來，制定出有具體步驟的可行方案，然後步步為營地實現目標。

在《魔法》一書中，芭芭拉·希爾提到一種稱作流程圖的思維導圖，流程圖就是幫助人們把某項龐雜的工作下切成簡單的可處理的部分。操作時，首先需要把「目標」寫在紙的右端，然後對計畫進行倒推，思考實現目標的前一步需要做什麼，每個步驟可能都會有好幾個需要完成的事項。以此類推，評估自己今天能否開始這一事項，如果不能還需要做什麼，就這樣一步一步地進行計畫倒推。對每項工作進行持續的細化切分，直至切分到今天能夠開始的步驟為止。

在教練過程中，區分常用的提問模式有很多可以直接拿來使用的成熟套路，然而發展出個性化的提問模式對企業教練來說也是非常重要的。以下是區分中常用的教練問題：在這些原因中，哪個是主要原因？在這些因素中，哪個是無關緊要的？在這些因素中，哪個是存在疑問的？事實真相是什麼樣的？哪些問題存在演繹成分？目標是什麼？要取得什麼樣的成果？實現目標的難點何在？這是我真正想要的嗎？你覺得這兩者有什麼區別？

對於區分技巧的初學者來說，想要一下掌握和運用區分各層次和角度的技巧，常常會感覺無從下手，這時我們可以先從事實與演繹（猜測和假設）、由目標分析現狀再分析障礙這兩個角度去區分，漸漸熟練以後，就可以對更多的技巧進行融會貫通地運用了。

教練式溝通能力之三：發問

孔子曰：敏而好學，不恥下問。具備良好的發問能力不僅可以幫助你學會更好地聆聽，同時也可以幫助你進行有效地區分，獲得更準確的資訊，從而避免一些無用功。

蘇格拉底曾經在一次公開演講的集會上，向自己的學生問了一道高等數學難題，在場的所有人都沒有答出來，甚至有人認為除了蘇格拉底外，沒有人能解出這道題。於是蘇格拉底當場叫起了一個五歲的孩子，透過連續發問的形式引導他，結果那個年僅五歲的孩子最終解出了這道難題，在場的所有人都為之震驚。蘇格拉底說，不管面對任何難題，人們在內心深處都會有答案，只有透過適當的發問，人們才可以發現更有效的解決方案。這充分表明，良好的發問能力可以幫助你找到問題的最佳解決方案。

發問的意義

發問能力是貫穿整個教練過程始終的一種核心能力。調查表明，在企業中，下級對上級下達的指令執行效果不佳，有一半以上的原因是因為任務接受者和任務發布者在對任務的理解上面存在差異，導致任務在執行的過程中發生偏差，而且任務執行者還認為自己理解的任務是正確的。

因此，對員工進行有效地發問就顯得尤為重要。透過發問可以隨時了解員工對一些指令和任務的理解，了解他們的做事方式和態

度。只有對他們的真實想法做到心中有數，管理者才可以對他們進行更高效的管理。具體來講，進行良好的發問有以下幾個重要的作用。

1. 透過發問，可以迅速地了解事實的真相，避免因為猜疑和假設而帶來的誤解，還原事情的真相，在此基礎上才能對員工進行最有效的管理。

2. 了解員工對任務的理解程度、他們對於完成任務所採用的方式方法以及他們對任務完成的觀點和態度等。

3. 利用發問的形式可以幫助被問者集中注意力，以更專注的精力投入工作中去。

4. 透過發問也可以引發對方的思考，從而發現更有效的解決問題的方案，幫助他們更快地成長。

5. 透過發問可以讓員工發現更多的可能性，摒棄原有的思維定式，提升創造性。

6. 可以增強員工的主角意識。

7. 可以提升員工的自我覺醒能力，讓他們及時發現自己的錯誤，降低損失。

8. 透過發問，雙方可以就任務達成共識，在統一目標的指引下，工作效率也會得到有效提升。

發問技巧

身為教練型的領導，善於發問是他們一個非常重要的特性。善於發問主要表現在兩個方面：一方面要明確發問的目的；另一方面就是發問技巧要有彈性。

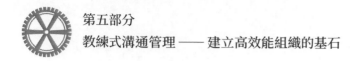
● （1）明確發問目的

⊙ 盡可能地收集數據，了解事情的真相。透過足夠詳盡的數據和有效的發問可以還原事實真相，在問題問清楚之後，答案也就會浮出水面。在全面思考的基礎上才可以做出有效的決策。問題的指向有 7 個範疇，即 Who、What、When、Where、Why、How、How many。在發問的時候可以採用開放式和封閉式的問題。

⊙ 透過發問引發對方的思考，明確任務目標。事實上問題本身就是一種解決方案，進行發問就是尋找答案的過程。

⊙ 有效選擇，提升執行力。許多時候人們分不清生活中存在的虛假和真實，而領導者運用教練式技術可以幫助員工區分事實的真相，幫他們從虛假的生活中解脫出來。有效地發問可以促進他們信念的開放，從而帶來有效的執行力。

● （2）掌握發問的彈性

⊙ 多採用開放式的問題進行發問，少問封閉式和只有兩種備選答案的問題，這樣的問題容易限制員工思維的擴充套件，不利於他們提出有效的解決方案。

⊙ 發問盡量簡明扼要。在發問的時候盡量簡潔，讓對方能夠理解；此外，也不能一次性地問好多問題，以免使對方的思維產生混亂，達不到預期的效果。

⊙ 少給意見，讓他們獨立思考。

⊙ 在發問的時候，盡量不要用「為什麼」，而要用「什麼原因」。（「為什麼」只用在特殊地方！）

⊙ 可以重複對方的話，並問「是不是」、「是這樣嗎」，確保自己
理解的與對方所表達的意思一致。

發問的模式

教練型領導在與員工進行溝通的時候，大部分時間都是在傾聽，剩餘的時間則是去觀察、感受、發問和分享。在調查中發現，教練型領導 70% 的時間是利用開放式的問題發問，10% 的時間是在重複、確認員工的表述，5% 的時間是採用封閉式的問題進行發問，15% 的時間在與員工分享他們感覺模糊的內容。

下面列舉幾個具體的教練問題模型。

1. 你現在最想處理和解決的問題是什麼？
2. 你覺得你真正的問題是什麼？
3. 你真正想要的是什麼？
4. 你最想從工作和事業中收穫什麼？
5. 在生活和工作中是什麼在阻礙著你成長？
6. 如果你能克服這些障礙，事情又會怎樣發展？
7. 你覺得事情會向哪幾個方向發展？有什麼樣的可能性？
8. 在這幾種可能性中你會怎樣選擇？
9. 我們做這件事情的目的是什麼？
10. 你這樣做的原因是什麼？
11. 你對這件事有什麼看法？
12. 你希望能做點什麼來使自己取得更多的成績？

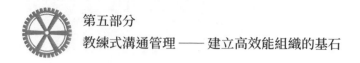

教練式溝通能力之四：回應

回應能力是企業教練需要面對的一個真正的挑戰！此前介紹的聆聽、區分和發問都是一種主動溝通的技巧，是一種柔性策略，然而回應卻需要企業教練面對被教練者的疑問表達自己的體驗，在這一過程中，企業教練常常需要應對被教練者的抗拒心態和言行。因此，回應能力是很多初學者的薄弱環節，很多時候初學者會不敢回應，或是不知道如何去回應，在這種情況下，企業教練可能是沒有力量的。回應就像一面鏡子，能夠直接反應企業教練的真實狀態，所以，掌握好回應技巧是成為合格教練必須要做到的。

那麼究竟什麼是回應呢？回應就是貢獻企業教練的體驗！回應就是讓被教練者意識到自身盲點，讓他們明白真實的現狀，對自己所處的環境和位置有一個清晰的意識，意識到自己需要提高和學習的地方，明白自己應該採取什麼樣的行動。

回應的技巧

使用回應技巧的關鍵前提是要與當事人建立起充分的親和感，取得當事人的認可；然後就是要在教練過程中實時關注教練的焦點是否正確。能否隨時把握正確的焦點，是決定我們給以被教練者的回應是否有效的關鍵所在，這也是大部分初學者在應用回應時所遇到的大部分障礙的根源所在。正確的做法應該是把焦點放在客戶身上，企業教練貢獻自己的體驗；而如果把焦點放在自己身上，證明

自己是對的、被教練者是錯的，就會產生教練溝通的障礙。

因此，當我們發現自己給出的回應無效時，就需要及時地檢視自己，反思一下是否存在焦點把握方面的偏差，打擊、發洩、訓斥、諷刺、打擊等都是初學者常犯的回應錯誤，這些錯誤的根源正是把焦點放在了自己身上。

所以，要進行有效的回應，首先就是要關注我們的出發點是否是貢獻自己的心態。我們在進行回應的時候，既可以直接說出情況，也可以採用隱喻的表達方式，回應本身並不存在固定的言辭和句式。身為教練，需要透過持續的累積，讓自己的語言更加豐富，從而增強教練溝通的感染力和震撼力。

除了在語言方面要避免使用固定僵化的模式之外，在回應的過程中保持直接而真誠的溝通態度也是十分關鍵的。被教練者能否感受到教練貢獻的誠心，也是決定回應是否有效的關鍵；而且，直接坦率的態度，也是企業教練把焦點放在客戶身上的表現。另外，企業教練還需要注意回應的明確、平衡和及時這三個原則。明確是指回應內容的表達要準確無誤，須知含糊其辭不會對客戶帶來任何幫助；平衡是指教練的回應不能僅僅圍繞客戶的負面特徵，而是要反映客戶真實的綜合狀況；及時原則要求對客戶的疑問要在第一時間進行回應，遲疑的回應有效性會降低很多。

回應的禁忌

回應應當是實證式的、客觀的，而不是規範的陳述，「你最好……」、「很好，不過／但是……」、「你需要……」「你應該……」等表達方式並不是真正的回應。

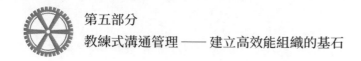
　　回應的目的是幫助你的客戶意識到自身的盲點並進行改善，因此給出回應並不是教練溝通的終結。由於回應往往會對客戶產生直接衝擊，即使是在教練完全貢獻自己的體驗的情況下，客戶也有產生負面反應的可能，負責任的教練需要認真對待這些負面反應並及時進行處理。所以，在做完回應以後，教練需要關注客戶可能會出現的抗拒、保護自我、選擇性接受、解釋、辯駁、接受、自我檢視等反應。在這些反應中，自我檢視和接受才是學習啟發式的反應模式，其他的反應都是抗拒和批判的反應模式。當客戶出現負面的反應時，說明他們還沒有開始從教練的回應中學習，教練必須對客戶的這些負面反應做出處理，才能保障教練過程的有效性。

　　在處理客戶可能出現的負面反應時，教練的態度是十分關鍵的，教練要注意避免出現爭辯、不理會、執拗、批評、指責等態度。教練處理負面反應時首先要讓自己的情緒保持鎮定，擺脫批判、抗拒客戶負面反應的心態，並反思自己的焦點有沒有真正放在客戶身上，是否能包容客戶的各種負面反應。調整好心態以後，教練就可以應用下面的技巧：「是的，這僅是我個人的看法」、「你可以做出自由的選擇」、「你是否感覺我說錯了？」、「什麼事情讓你感到抗拒？」、「我的哪些話讓你感到不舒服？」

　　應用這些技巧可以緩和客戶的情緒，了解溝通障礙點，讓溝通繼續下去，進而做出更加有效的回應。

實踐指南

　　聆聽、區分、發問、回應這四種能力互動發揮著作用，共同構成一個把教練和當事人連接起來的資訊流動系統，整合了雙方的資

訊，對資訊進行了更加充分的挖掘、處理和傳遞，形成了一個充滿動力的微觀對話系統，當教練和被教練進行角色交替時，就是動力更大的互動式教練模式，也是真正的學習型組織的溝通模式。在很多教練步驟中，都需要透過聆聽收集資訊，運用區分技巧處理資訊，並在區分的基礎上透過發問引導對方將焦點遷移到新的範疇，促使被教練者進行自我清晰活動。發問就是要引發區分進而獲得必要資訊，也可以直接引導被教練者進行區分。

　　有時，出於對區分進行取證的需要，廣義的區分要堅持分析的客觀性，這種分析的關鍵是讓客戶對自身情況有個清晰的意識，分析所運用的工具都是各種理論的具體化成果，由於分析要全力避免主觀因素，然而絕對的客觀是無法實現的，因此我們只能追求相對的客觀。最後我們還需要把區分結果直接回饋給對方。傾聽是輸入資訊，提問則是資訊收集，區分是處理資訊，回應就是輸出資訊。所有發問的目的是為了區分，所以應當在各種區分理論的指導下去發問，而不能隨意發問。比如對方說自己與父母相處有問題，那麼我們就可以利用理解層次的區分工具來分析，我們就會意識到應該圍繞「相處問題處於哪個層次上」進行發問，如「是否你的行為方式不合適」、「你是否與父母有較大的信念差異」等，然後我們繼續進行傾聽、區分和回應，如果又遇到需要區分的問題的時候，就可以繼續發問，直至解除客戶的意識盲區，過程如圖 5-5 所示。

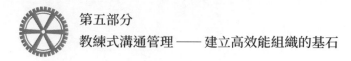
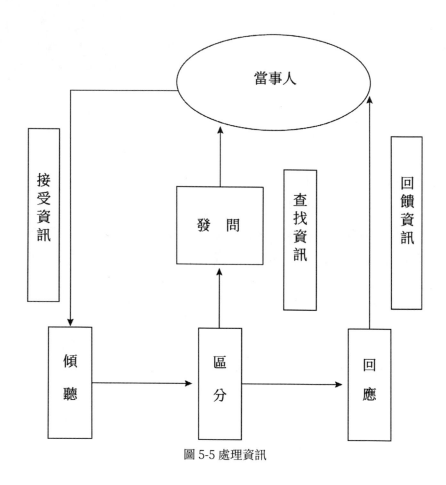

圖 5-5 處理資訊

良好溝通的本質：換位思考

我們先來看兩個案例。

●【案例 A】

Joey 是某外商分公司的部門經理，在一個非常重要的專案的招標活動中，他詢問總經理的意見，但總經理沒有給出明確答覆，但 Joey 誤認為總經理已經默許了。於是，他趕緊召集部門同事來跟進這個專案。但是，由於準備不充分，Joey 的公司並沒有拿到這個專案。

事後，總經理在總結會上以「彙報不詳，擅做決定，組織資源運用不當」為由，對 Joey 進行了嚴厲的批評和處分，而 Joey 則進行反駁，聲稱專案失敗是因為「領導不夠重視，故意刁難，迴避責任」。

●【案例 B】

Emily 是 A 公司的部門主管，近兩年隨著公司不斷發展壯大，她承擔起了培訓新入職人員的任務。

Emily 認為「師傅」的角色，不能單單是把她所會的講解一下、示範一下，而是要確保大家能聽懂、能理解、能接受她傳授的知識與經驗。由於剛剛開始接觸，所以新入職人員需要的不是一大堆的「專業」知識，自己覺得簡單熟悉得可以忽略的環節，也許正是他們的困擾所在。所以，她教一項技能前，她都會先思考：如何用

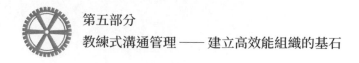

最簡單清晰的教學語言和生動直觀的體態語表達？如果我是學生，我可能存在哪些疑問？怎樣才能把專業的知識用通俗的語言解釋清楚……

由於 Emily 除了能用正確的方法傳授技能以外，還會經常提醒大家所處職位的重要性，讓他們對所學的東西產生興趣，所以 Emily 的培訓得到了非常好的效果。

很明顯，案例 A 是一個上下級之間無法有效溝通的案例，而案例 B 則是一個良好溝通的案例。

有一位管理大師曾經說過這樣一句話：「沒有人與人之間的溝通，就不可能實行有效的領導。」企業管理過程中的溝通既包括組織資訊的正式傳遞，也包括人員、群體之間的情感互動。通常來說，組織資訊的正式傳遞以制度為基礎，而人員、群體之間的情感互動則以換位思考為前提。

企業的一切活動都離不開人，人與人之間溝通的品質和效率直接決定了企業管理水準的高低。良好的溝通是建立在互相理解的基礎之上的，管理者在進行溝通時，不能只站在自己的角度，而且要站在對方的立場考慮問題，即需要進行換位思考。換位思考不僅可以增進管理者與員工之間的理解和尊重，而且有助於改變管理者的認知，提高團隊的凝聚力。所以，換位思考是實現良好溝通的橋梁，良好溝通的本質就在於換位思考。

而要做到換位思考，實現良好的溝通，需要意識到換位思考的兩個核心：第一，充分考慮對方的需求，滿足對方的需要；第二，了解對方的缺失，幫助其探索應對之策，如圖 5-6 所示。

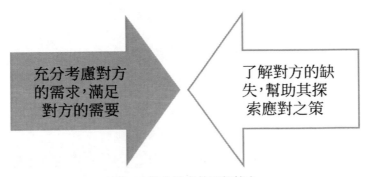

圖 5-6 換位思考的兩個核心

充分考慮對方的需求，滿足對方的需要

了解對方的缺失，幫助其探索應對之策

　　雖然在經典管理理論中並沒有提到「換位思考」這樣一個名詞，但是，縱觀管理學的發展史，我們可以發現，無論中國古代的管理思想、泰勒（Frederick Taylor）的科學管理，還是當今的人本管理、知識管理、文化管理，都可以尋覓到它的蹤跡。而在教練式溝通管理中，換位思考更是核心理念。

　　與過去的其他傳統溝通管理理論相比，教練式溝通管理不僅更重視員工的主體地位，而且重視社會、心理因素可能對員工的影響。所以，在教練式溝通管理中，員工不再單純是一個經濟體，而包含了更多的社會學因素，領導與員工的溝通應更致力於提高員工的士氣，增強員工的滿足感，建立和諧的人際關係提高管理的效率。

　　進入 21 世紀後，經濟的飛速發展對管理的理念也提出了更高的要求，過去等級分明、單向溝通的方式已經不適合企業的發展了。在這樣的形勢下，換位思考對溝通的作用顯得尤為重要。

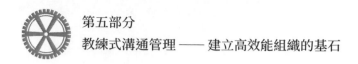

有效運用「換位思考」的前提和條件

●（1）平等、尊重是「換位思考」的前提

在人本主義心理學家馬斯洛的需求層次理論中，他認為人最基本的需求是生理需求，當生理需求得到滿足後，人會渴望滿足更高階別的需求，例如歸屬和愛、尊重以及自我實現。

管理者只有盡可能地從員工的切身需求出發，把員工放在與自己平等的地位上，尊重員工，才有助於換位思考的展開和良好溝通的實現。

成立於 1984 年的聯想集團，隨著不斷的發展，領導方式就由最早的指令型轉變為指導型，到現在已經變成開明型。開明型的領導即在平等、尊重的前提下與員工進行溝通，為員工提供足夠的平台展示自我，而這也使得聯想管理表現出了明顯的競爭優勢。

●（2）良好氛圍是「換位思考」的條件

「換位思考」的實質即樹立一種「我為人人，人人為我」的觀念。因為良好的溝通單靠一個人是無法實現的，所以，企業的領導者在管理過程中應當營造一種有利於換位思考的氛圍，不僅以身作則地推廣實施，而且應將其上升到企業文化的高度，將其融入員工的工作理念當中，落實到員工行動的時時處處，形成企業管理和員工溝通的良性循環，促使企業走上健康發展的軌道。

應用「換位思考」應當注意的問題

「換位思考」四個字聽上去雖然簡單，但想要運用得當，得到事半功倍的效果卻不容易。管理者在與員工的溝通過程中，應用換位思考時，需注意幾點，具體如圖 5-7 所示。

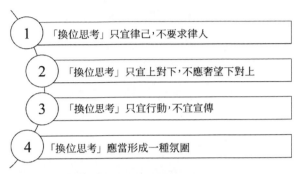

圖 5-7 換位思考應注意的問題

● （1）「換位思考」只宜律己，不要求律人

在企業營運的過程中，如果下屬能夠換位思考、為管理者著想，或者客戶能夠換位思考、為企業著想，企業的營運當然會更為和諧順暢。但身為管理者，只能要求自己以身作則換位思考，為員工和客戶著想，切不可對員工或客戶有這樣的要求。

● （2）「換位思考」只宜上對下，不應奢望下對上

換位思考在使用中不僅對自己與他人的要求不一樣，而且還具有指向方面的要求。也就是說，員工可以要求管理者能夠換位思考，客戶也可以要求企業能夠換位思考。這樣的換位思考，不僅有助於管理者博采眾長、廣納諫言，也有助於企業的發展。但這種換位在逆向狀態下是行不通的。當然，如果能實現下對上的換位思考則是一種較高的境界和格局。

● （3）「換位思考」只宜行動，不宜宣傳

一般來說，企業的營運需要面對兩個不同的方面，即對內和對外。對內主要是對員工的管理，對外則主要涉及企業的外部形象和客戶滿意度。

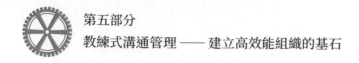

對內，管理者可以在企業文化中提倡各級員工在溝通中多換位思考，提高員工為人處事的能力。但對外，企業應更強調客戶內心的思索和體驗，而不適宜大張旗鼓地宣傳自身所做的換位思考。

比如，某保險銷售公司對自己的員工提出了「把客戶放在首位，百分百為客戶著想」的服務要求，但在公司的廣告宣傳中也事無鉅細地提到自己公司的員工會如何為客戶著想，這樣容易讓人感覺有小題大做之嫌，而且一旦做不到的話，會嚴重影響客戶心目中的企業形象。

●（4）「換位思考」應當形成一種氛圍

在一家企業裡面，如果只有一個人能夠做到在與他人的溝通時換位思考，那麼，這樣的換位思考所帶來的輻射效應是極其有限的。

換位思考雖不能作為企業的硬性要求，但也應展現在企業的文化中，融入員工的思想言行中。應盡可能滿足員工的心理需求，形成一種深入人心的氛圍，從根本上保證良好溝通的開展。

有效引導員工，引發內在覺醒

對員工進行有效引導，使員工從內心深處覺醒，實際上就是透過對員工進行引導，激發員工的潛能，而能夠有效引導的途徑就是管理者要掌握教練式溝通的技巧，透過溝通不斷鼓勵員工發揮主觀能動性，在積極主動中發揮出自己的潛能。

在教練式管理中，溝通就是資訊的交換和傳遞過程。美國著名的管理學家切斯特·巴納德（Chester Barnard）說過：「溝通就是將一個組織中的成員連接起來，以實現共同的目標。」沒有溝通的管理就不是有效的管理。因此企業管理者在管理工作中要重視員工的價值，透過溝通的方式激發員工的潛能。

幾乎每個企業中都存在著溝通障礙。企業的機構越是龐大，溝通的難度越高。往往基層員工接觸到的都是一線的實際情況，他們對許多決策的制定也最有發言權，但是因為組織機構的龐雜和上下級之間的溝通障礙，許多有建設性的意見並未傳達到高層決策者耳中，而高層管理者做出的決策也常常無法準確迅速地傳達給所有員工。因此，企業要想持續、穩定、健康發展，就應該建立完善的溝通機制，保持溝通管道順暢。

一個管理者之所以能夠獲得成功，最重要的一點就是掌握了良好的溝通技巧。他透過與員工進行充分的溝通，將自己的期望和目標準確無誤地傳達給員工，使員工的努力方向與企業發展目標保持一致。

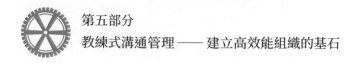
　　與員工進行教練式溝通，是當代企業管理者必備的技能之一。掌握了這門技能，你才能贏得員工的信任和支持，保證各項工作都能順利進行。

　　當你花費了大量的時間和精力與員工溝通的時候，你就能更清晰地向員工表達自己的想法，然後得到他們的支持和協助，這樣的管理彙集眾人之力，功能會更強大。

　　管理者要知道，在與員工進行溝通的過程中，你是處在主導地位的，你要在溝通中掌握主動權，清晰表達自己的觀點，然後再透過員工對你的回饋，了解他是否真正理解了你的觀點，以防他在以後的執行中出現誤差，由此提高工作效率和員工的工作績效。

　　摩托羅拉公司有一個著名的管理理念 —— 肯定個人尊嚴，重視員工的價值，而「開放的溝通管道」是肯定員工尊嚴和價值的重要表現。在摩托羅拉，管理者將公司的規章制度、重要決策和重要活動等都向員工公開。公司還建立了資訊回饋的制度和上下溝通的管道，在公司中開通了「暢所欲言」信箱和總經理座談會。這些措施不僅能夠幫助公司管理者及時掌握各方面的資訊，而且也讓員工感到了充分的尊重。

●（1）注重扁平化溝通

　　在摩托羅拉有一條不成文的規定：公司各級管理者的辦公室大門要始終向員工敞開，這代表管理者可以隨時與員工進行交流，交換意見，給予員工隨意進入辦公室提意見的權利。這同時表示，管理者與員工一樣，在公司中全心全意地工作，不會在工作時間處理私人事務。

● （2）設立「暢所欲言」信箱

　　摩托羅拉為員工在公司內部設立了「暢所欲言」信箱，旨在為員工提供一種保密的雙向溝通方式，員工可以針對公司的任何事、任何人提出自己的意見，信箱的負責人會將提意見的員工的名字隱去，交給相應的人員，之後負責人再將回饋的資訊親自傳達給員工。這一過程中，員工的一切個人資訊都是不對外公開的，以便員工能真正「暢所欲言」。收到投訴意見的人員和部門必須做出認真解答，就算是暫時無法解決的問題，也要將理由告知對方。對於有建設性意義的意見，管理者還應該給予肯定和鼓勵。但公司不會受理匿名信件，以防破壞公司的信任機制。

● （3）總經理座談會

　　摩托羅拉還經常召開「總經理座談會」，員工與總經理面對面進行交流。座談會一般每個月進行一次，而且不允許管理人員在場以保證員工可以無所顧忌地提出自己的意見。這樣總經理就能直接了解公司管理中的不足，並根據員工的意見和建議及時進行修正；而且總經理還能了解員工的真實想法和困難，幫助清除阻礙員工高績效的障礙。

　　為了進一步完善溝通制度，公司還為員工專門設計了有關「個人肯定」的調查問卷，包括以下幾個問題。

　⊙ 你是否擁有一份穩定而有趣的工作？

　⊙ 你是否具備成功的要素？

　⊙ 你是否接受了適當的培訓？培訓對你的工作有幫助嗎？

　⊙ 你了解過你從事的職業的未來發展前景嗎？

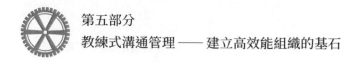
⊙ 在過去的一段時間裡，你是否收到過對提高你工作績效有幫助的意見和建議？

⊙ 你的個人習慣和文化傳統是否得到了尊重？

在回答問卷調查的問題時，員工可以自由表達自己的想法，也可以對公司提出意見和建議。公司會根據員工的回答及時解決在管理中遇到的問題，幫助員工規劃職業發展的路線，也可以根據員工提供的資訊制定合理的工作方案和行動計畫，保證決策的科學性和準確性。

善於激勵員工是一名優秀的管理者必備的技能之一，但是讓激勵發揮作用的最好辦法就是與員工進行溝通，而對現代的管理者來講，與員工進行有效溝通是非常困難的。專門從事研究工作環境中的工作行為的管理諮商大師克里斯汀·洛策認為，如果企業缺乏準確的策略目標和明確的發展方向，就會降低員工的工作效率和工作積極性，員工的工作績效也會受到影響；嚴重的話，還會導致員工對自己的工作和職業規劃產生質疑，最終失去自信。

為此，在教練式溝通方面，我為管理者們提供了幾個技巧，希望能改善一下溝通不良的情況，這些技巧如圖 5-8 所示。

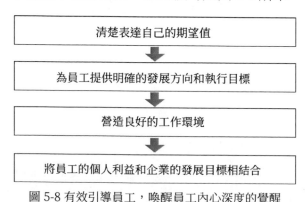

圖 5-8 有效引導員工，喚醒員工內心深度的覺醒

清楚表達自己的期望值

在與每一位員工進行交流的時候，管理者都應該採用最簡單和最直接的語言，清楚表達企業的發展方向和自己對員工的工作期望，不要讓員工去揣摩你的想法。克里斯汀‧洛策認為，對簡單的資訊不斷重複就是進行有效溝通的關鍵，如果你認為透過一次溝通就讓員工理解你的期望和目標，那你就大錯特錯了。溝通必須反覆地、定期地進行，以鞏固之前溝通的效果。管理者可以以簽到的方式或者定期召開會議與員工溝通交流，讓員工對公司的發展目標進行闡述和說明，掌握員工的知悉情況，為下一步的溝通和工作計畫提供依據和借鑑。管理者在其中充當的就是提醒者的角色，幫助員工明確工作目標。

為員工提供明確的發展方向和執行目標

隨著商業競爭愈演愈烈和商業環境的日益複雜，與員工經常溝通交流就成為確保員工的策略目標始終與企業發展目標保持一致的重要方式。管理者在對企業進行管理的時候，首先要弄懂三個問題：我要達到一個什麼樣的目標？實行怎樣的計畫才能實現目標？應該如何帶領大家完成這個目標？克里斯汀‧洛策在調查研究中發現，大多齡業在管理方面的失敗大都源於對這三個問題的意識模糊或錯誤。

透過為企業設立具體的策略目標，明確員工在企業中扮演的角色和完成目標需要的執行計畫，這樣員工在執行的時候才會有正確的方向作為引導。克里斯汀‧洛策認為，如果管理者不能清晰明確地指導自己的員工，那麼不管有多偉大的計畫、多宏偉的目標，最終也很難實現。

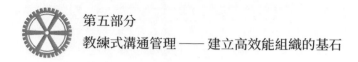

營造良好的工作環境

克里斯汀‧洛策認為,任何一種企業文化都會影響員工的工作行為和表現。一個良好的工作環境有利於員工明確企業的發展目標和方向。如果公司的工作環境(比如說公司的獎勵機制和組織結構)與企業的發展目標相適應,那麼企業的目標和期望也就更容易實現了。如果管理者希望員工能夠與企業建立命運共同體,那麼管理者就應該建立起與之相適應的制度和流程,還要將可能出現的各種問題和風險考慮在內。

將員工的個人利益和企業的發展目標相結合

每一位員工都有自己的思想和追求,身為管理者,應該試著去了解自己的員工,只有了解了他們的真實想法,才能幫助他們掃除迷霧,使他們理解管理者對他們的期望,進而激發他們的潛能。克里斯汀‧洛策認為,只有真正了解員工的需求和他們所遇到的各種挑戰和困難,管理者才能採取有效的措施來應對,糾正他們的行為,激發他們的潛能。要成為一名優秀的管理者,就應該花費大量的時間與員工建立情感縣,隨時了解他們的困難和疑慮,還要肯定他們的努力和成績。管理者還需透過各種方式將員工的個人利益與企業的發展目標結合起來,只有這樣,才會讓員工將他從事的工作當成一份事業,才能有助於達成企業的目標。

當我們去做一些企業願景工作坊的時候,也和傳統的做法不太一樣,是要將 NLP 的視聽感元素加入進去,用教練文化的方式進行,挖掘深層需求以達成共識。

教練式溝通的核心 —— 引發提供有效的解決方案

管理的目的是透過他人獲得成功。管理的模式不是告訴，更不是命令，而是與員工相互溝通、共同尋找答案。管理者要學會提問的藝術，激勵員工積極思考，如果員工在管理者的指導下找到了最佳解決方案，不僅會增加員工的自信，同樣團隊也會成為最大的受益者。

提問通常是為了得到有效資訊，不管是自己解決問題還是為他人提供解決方案，都需要掌握充足的資訊。對於管理者來說，問題的答案往往不是最主要的，管理者只是需要確認員工已經掌握了足夠的資訊；員工還會為管理者提供最新的線索，繼續提出新的問題。同時，這樣做也可以讓管理者隨時掌握員工動向，使員工的工作目標始終與團隊目標保持一致。那麼，如何與員工進行問題互動呢？具體做法如圖 5-9 所示。

●（1）提出開放性問題

提出開放性的問題能啟發思維，激發員工的意識，促使其蒐集更多的數據。如果只提問封閉式的問題，答案只有對、錯兩種選擇，那麼員工的發散性思維就會受到抑制，管理者也不會得到有效的資訊。（當然，封閉式問題是在推動員工做決定和行動時有可能用到的。）

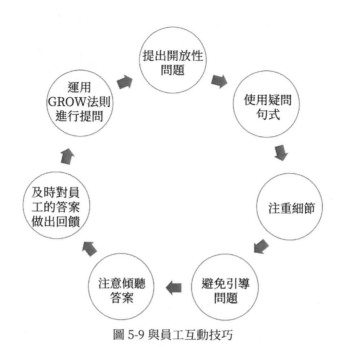

圖 5-9 與員工互動技巧

●（2）使用疑問句式

最有效的提問問題的方式就是採用疑問句式，如以「基於什麼」、「何時」、「誰」、「多少」等開頭的句式。我不鼓勵用以「為什麼」和「如何」開頭的問題，這種方式本身就包含批評的意思，容易讓員工與管理者產生爭執；另外，「為什麼」和「如何」開頭的句式沒有附加的限制性條件，容易引發分析性思考，收到較好的效果。

如果我們必須要詢問分析類的問題，可以用「你的理由是什麼」、「你會分幾步做」等來進行替換。

●（3）注重細節

問題要一步一步逐級深入，這種提問可以在較長時間內集中員工的注意力。當然熟練地進行追問也是一門學問。管理者要有對資

訊的敏感度，在員工回答完一個問題之後，抓住有效資訊繼續進行
提問，以獲取更多資訊，讓員工的思維保持系統性，以免脫離提問
的軌道。

●（4）避免引導問題

很多員工認為管理者引導問題是對自己能力的不信任，這樣員
工在回答問題時思維就會受到限制，許多有效資訊就會被遺漏，管
理者就不能真正了解團隊的具體情況，很有可能會給團隊帶來無法
估量的損失。

●（5）注意傾聽答案

雖然問題的答案對於管理者來講也許不一定都是可行的（或不
是最重要的），但是管理者也要認真傾聽員工的答案。如果管理者對
於員工的答案沒有任何反應，不但會讓員工感到失望，管理者本人
也很難在接下來提出更好的問題。如果在之前就準備好問題，就有
可能打斷員工的思維邏輯性，也有可能會跟不上員工的思維。最好
的方式就是認真傾聽員工意見，並適時提出合理的問題，鼓勵員工
繼續回答。

●（6）及時對員工的答案做出回饋

管理者在聽取員工回答的時候要保持頭腦清醒，及時向員工表
達自己的見解併作總結。這樣做不僅可以正確理解員工的想法，也
可以讓員工感到自己備受重視，讓員工更有信心進行下面的談話。

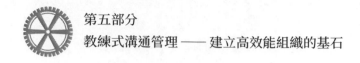

● （7）運用上面講解過的 GROW 法則（目標、現實、選擇、意願）輔導模式進行提問

那麼，在了解了提問問題的技巧之後，管理者在與員工進行溝通時要注意哪些問題呢？

以提出有效的解決方案為目的

1. 要勇敢面對問題，而不是迴避。

2. 選擇有效的解決方案，而不是為了否認別人。

3. 不要一味地固執己見，要學會換位思考。溝通的本質並不是簡單地說話聊天，而是能夠改變行為模式。所以，溝通的效果取決於對方的回應，一切以成果為導向。

4. 適時要求對方給你回饋。成功的管理者並不是關注溝通的面上的效果，而是關心員工了解了什麼，所以適時要求對方給你回饋，對於溝通就顯得至關重要了。

注意溝通的原則

1. 溝通的首要目的是提出有效的解決方案。

2. 保持自己的中正立場，這對自己的成長也很重要，所以必須要做。

3. 有深度的對話一定會先從檢討自己開始，因此，遇事不要首先責備別人，要先檢討自己，因為「我是一切的根源」。

4. 學會換位思考，也是同理心。

5. 學會寬容對方，因為動機和情緒往往沒有錯，只是行為沒有達到應有的效果而已。

6. 不要觸碰別人的底線，在給建議和猜測時要獲得對方真正的許可。

不要總歸罪於人

通常情況下，遇到問題時，無論責任在誰，人們總喜歡先把責任推到別人身上。當團隊遇到問題不能及時解決可能會給團隊帶來嚴重後果時，許多人就會把責任推到失誤者身上。而當你去推卸責任的時候，別人也會進行反擊，這樣的結果就是，雙方為了一個問題爭得面紅耳赤，甚至大打出手。用這種方法來解決問題顯然是不明智的。試想，如果因為爭執責任在誰而使團隊分裂，又怎麼可能解決問題呢？

在遇到問題時，我們首先要透過與有關人員的溝通來採取補救措施，這種時候的溝通也當然要講究技巧。在溝通之前要做好準備，明確要提出什麼要求，清楚對方的過失造成了什麼損失。具體來說，要做到如下幾點。

1. 主動提出有效的補救方法。

2. 在溝通中只談補救方法，也即「下一步」，著眼於未來，避談責任是非、糾纏於過去。

3. 提出補救方法的同時，給對方留一些餘地，以免傷害對方自尊、導致溝通障礙。

4. 最好引導對方自己提出補救措施，並要讓對方感覺合情合理，因為這樣他才會對自己負責任，同時獲得成長。

第六部分

教練式授權管理 —— 無為而治是管理的最終目標

管理者如何充分授權員工

在我的 NLP-CP 課程的焦點管理環節中，談到了關於授權的部分，授權是組織運作的關鍵，它是以人為對象，將完成某項工作所必需的權力授給部屬人員。即管理者將處理用人、用錢、做事、交涉、協調等決策權移轉給部屬，不只授予權力，還託付其完成該項工作的必要責任。組織中的不同層級有不同的職權，許可權則會在不同的層級間流動，從而產生授權的問題。授權是管理人的重要任務之一。身為一個教練式管理者，有效授權也是一項必須掌握的教練技巧。因為只有懂得授權的教練，才能讓員工在歷練中得到真正的成長。而且，只要教練授權得當，所有參與者均可受益。

不過，需要提醒的是，在現實工作中，授權不僅僅是授予下屬任務本身，還有與任務本身相對應的權利，比如可以排程的人力、財力、物力，並且在授權過程中根據員工的能力，允許他們在工作上自行決定所使用的方法，放手讓他們完成任務。

其實大到一個國家，小到一個單位、部門，授權問題是每一個管理者都會遇到的問題。一個人不可能完成所擔負的所有工作，需要助手和下屬幫助完成一些工作任務，許多人由於把握不當，造成工作失誤，甚至使工作和事業遭受損失。因此身為一個合格的教練式管理者，能夠適當、合理地授權給下屬，這點非常重要，合理的授權能夠有效地提高工作的執行力。

松下幸之助曾經說過一句話：「只做自己該做的事，不做下屬該做

的事。」對於管理者來說，管理是透過他人完成工作的一種程序或藝術，管理不是「做事」的方法，而是「讓人做事」的藝術。一個優秀的教練，不僅要會做事情，更要會管理下屬做事情；一個合格的教練，不能僅僅局限於提升自己的能力和執行力，還要能夠有效地提升屬下和自己團隊的執行力。俗話說「人多力量大」「團結就是力量」。一個人的力量是有限的，合理授權、將自己和屬下的力量集合起來，合理分配、有效工作，這才是一個教練式管理者應該具備的最大能量。

首先，一個合格的教練式管理者在授權過程中，應該明確什麼工作不可以授權、什麼工作可以授權，可以授權的工作又需要授權到何種程度。那麼，在實際工作中，哪些工作可以授權呢？

（1）日常工作中每天必須要做的事情可以授權。這些工作管理者已經做了一遍又一遍，對它非常了解，並且知道這些工作所存在的問題、所具有的獨特性以及具體操作細節。當這些工作授權給下屬去完成時，你就可以控制事情何時完成並預知下屬在工作中可能遇到的問題與困難。因此，你也不必擔心會影響你的整個工作程序。

（2）專業性強的事情可以授權。任何人都有其優勢及不足，因此，只要使授權的事情與授權人員的技能相符就可以了，利用他們的才華去完成你不可能快速完成的事情，而你就可以把時間用在處理其他事情上。

（3）不需要親手做的事情可以授權。這些比較簡單或瑣碎的事情，你的任何一個下屬都可以把它做好。這樣的事情，你就可以大膽、放心地授權給下屬去完成，而你就可以把省下的時間用在「刀刃」上。

（4）有利於下屬獲得發展機會的事情可以授權。身為一個教練，首要的職責是讓你的員工有發展的機會，達到這一目標最好的

方法是將恰當的任務分配給恰當的人去完成。這樣不但可以減輕你自身的工作，而且還能培訓下屬的工作能力和創造一種團結進取、不斷攀升、適才發展的學習型組織，同時也可以給你的管理工作帶來諸多便利。

我在多年的管理培訓實踐中，發現許多企業的管理中出現了一些奇怪的現象：管理者總是很忙，從早忙到晚，需要時不時地加班，假日也無法休息；而許多員工的責任心也越來越差，工作缺乏熱情，企業的工作效率和執行力也逐漸降低。那麼，真正的問題到底出在哪裡呢？

其實，身為一個合格的管理者，應該明白一個道理：如果將員工比作千里馬，那麼管理者就不是千里馬，而是千里馬的教練。身為管理者，應該能夠合理有效地授權給下屬，給下屬充分的發展空間，讓他們在自己的領域裡縱橫馳騁，把工作做好。而這就是管理者如何進行有效授權的問題了，這也是許多管理者面臨的一個突出難題。那麼，一個教練式管理者在授權過程中，應該如何做到合理授權呢？具體做法如圖 6-1 所示。

圖 6-1 管理者合理授權的關鍵

做到授權明確

一個教練式管理者在授權給下屬或者員工時，首先應該明確地將所授權的工作內容、授權到何種程度、需要將工作做到什麼程度以及遇到問題該如何處理等資訊告知下屬或者員工。只有這樣，員工才能擁有明確的工作目標，也才能在自己被授權的範圍內自由發揮，迅速有效地開展工作。

模糊不清的授權往往會在工作中引發許多問題：一方面，員工在具體工作中如果無法明白自己應該做什麼、怎麼做，往往會形成拖延和懶惰心理，致使工作在這個層面上滯留不前，這樣在工作過程中也就沒有了效率和執行力可言；另一方面，就算下屬和員工勉強開展工作，但因為對工作的具體內容和相關資訊不了解，也往往容易出現錯誤。而我們也不難體會到，有時候，在工作中去糾正一些失誤往往比做這些工作本身還要花費更多的時間。所以，在授權過程中將相關內容明確是非常有必要的。

任人唯賢，合理授權

管理者在授權過程中，應該做到量其能、授其權。根據員工能力大小、本身存在的優缺點和知識技能水準的高低進行合理、適當授權，這是授權得以成功的關鍵。

俗話說：「金無足赤，人無完人。」每個人都有自己的優點和缺點，選用人才並不是要尋找完美的人，而是要尋找對於某項工作合適並且有大用處的人。要知道，讓合適的人去做合適的工作才是真正明智的用人之道。韓愈在〈馬說〉中說過：「千里馬常有，而伯樂不常有。」所以，身為一個教練式管理者，不要總是埋怨我們的身

邊沒有人才，而是要讓自己擁有一雙識人的眼睛，然後將下屬或員工引導、培訓成有用的人才。

授權後要獎罰分明

在授權過程中，獎罰分明也是保證工作順利完成的重要條件，否則下屬和員工就沒有動力為公司做出更大的貢獻。

所謂的獎勵，包含有三層意思：獎勵的力度、關於獎勵的描述和獎勵方面的兌現程度。獎勵的力度就是完成工作後具體有什麼獎勵、獎勵多少等。獎勵的描述就是管理者激勵員工時的語言表達方式。管理者激勵員工和下屬的時候描述獎勵的語言要簡潔易懂，最好能夠具體化，造成鼓舞人心、激勵鬥志的作用。獎勵兌現是指管理者在下屬和員工完成既定的工作以後，一定要按事先說好的獎勵兌現，這關乎管理者的信譽問題，是需要非常注意的。

同樣的，如果下屬在工作中出現了不必要的失誤，那麼處罰措施也必須嚴格執行，絕對不能含糊，否則會破壞公司的規則，寬容了這一個，很可能會損害一大批人。

至於怎樣獎罰，這就要建立一套公正、公平、合理的績效評估和標準，這是一件並不容易、但卻非常重要的事情。

授權要遵循信任原則

所謂「疑人不用，用人不疑」，一個合格的教練既然決定將某項工作交給下屬，就應該給予他足夠的信任；如果不能夠信任對方，對方就會有疑慮，也無法放開手腳發揮自己的實力，這樣工作就不可能做好。

　　另外，身為一個管理者，不僅不要輕易地懷疑下屬，而且要用技巧來表現出自己在用人不疑方面的氣度，以此增強團隊之間的向心力。

讓員工犯錯，激發創造力

有一次，我給某啤酒公司在全國的區域總經理進行了為期一週的系統培訓。在培訓課上，我問了這樣一個問題：「如果下屬在執行任務的過程中犯了錯，身為管理者應該怎麼做？」

這時，一位區域經理立刻站起來回答說：「犯了錯就要罰，犯一次罰一次，罰多了自然就老實了！」

我沒想到一下子就聽到這樣理直氣壯的答案，就鄭重地說道：「知道為什麼有些管理者一天到晚忙得暈頭轉向，可是在下屬面前卻總得到人見人怕、人見人厭的印象嗎？就是因為這些管理者太追求完美，不允許自己的下屬犯一點的錯誤，只要犯錯就會給予嚴懲。其實，在現實中，很多員工就是因為怕犯錯、怕受罰而限制了思維，也抑制了自身的創造力，最後變得越來越瞻前顧後、畏首畏尾，沒有了一點銳氣和創造性。一個人的天賦和創造力被生生壓制和掩蓋，又怎麼能要求他真正發揮出自己的潛力、在工作中做得更好呢？」

於是，在那一次培訓課上，如何「懲罰」犯錯的員工成了重要問題。而我也發現，和那位區域經理有同樣想法和做法的管理者並不少。後來，我又了解到該公司一直在推行一項改革，可是進行了好幾次都無功而返，原因是在執行過程中總有員工犯錯或者執行不到位，於是結果就開始出現偏差，然後改革就沒辦法按照既定的計畫進行了。

後來，我和公司老闆進行了一次深入的交流，建議對方不要害怕員工犯錯，只要有改革的決心，從員工的錯誤中總結經驗，及時

修改不合適的改革專案，在「犯錯 —— 改良 —— 繼續改革 —— 完善」的過程中，讓改革得以曲線前進。公司老闆最終又推行了一次改革，結果取得了不錯的成果，公司業績也有了不錯的提升。

其實，有很多員工都很有天賦和創造性，可是卻在公司裡被一點點抹去了勇於嘗試和創新的心，因為他們知道只要嘗試錯了，哪怕出現了一點點差錯，就會受到嚴苛的懲罰。有句諺語叫「一朝被蛇咬，十年怕草繩」，身為一個管理者若動不動就狠狠「咬」員工一口，員工自然什麼都不敢做，什麼都不敢輕易嘗試了。更可怕的是，在這種高壓懲罰政策的影響下，他們終其一生可能都會碌碌無為了。因此，一個優秀的教練式管理者絕不可如此。

「金無足赤，人無完人」，在工作中，誰又能真的一點錯誤都不犯呢？勇於讓員工犯錯的管理者，他的人格比其他管理者上升了一個層次，而他的領導魅力也隨之昇華了一個階段。從心理學上來說，一個人從犯錯中所獲得的教訓往往要比從成功中獲得的經驗要深刻得多。

因此，身為一個教練式管理者，千萬不要害怕員工犯錯，而是要幫助員工從錯誤中吸取教訓，得以成長。而且，你的寬容和幫助不但會讓你的員工盡快成長起來，還能收穫對方的忠誠和感恩。所謂「士為知己者死」，當你不僅僅是一個管理者，更是一個教練、一個導師、一個朋友時，員工又怎會不更加努力地工作呢？

勇於犯錯並從錯誤中學習、進步，這既是人類千百年來得以進步的基本法則，也是教練式管理者幫助成員成長的重要方法。不過，在這個問題上，我還要強調一點：允許員工犯錯和讓員工放任自流絕不是一個概念，切不可混淆。

　　一些老闆和管理者之所以會用嚴苛的懲罰來禁止員工犯錯，最主要的原因就是想降低因為員工犯錯而帶來的成本和損失，殊不知這樣會大大壓制員工的工作熱情和創造力，往往會得不償失。

　　一個教練式管理者若想避開這一失誤，首先要弄清楚一個問題：員工為什麼會犯錯？

　　對於這個問題，不同的管理者會有自己不同的答案，不過很多管理者都會認為這是因為員工素養低、工作經驗不足。而面對這個問題，員工的回答可能是：管理者沒有給我學習的機會，既沒有進行培訓，也沒有激勵，他只管布置任務，不會管理！

　　面對同樣一個問題，管理者和員工的答案為何會有這樣大的差異？真的像有些管理者認為的那樣，都是因為員工能力不行嗎？同行業的其他優秀企業裡員工就真的擁有更好的技能嗎？面對同樣的工作內容，為什麼行業領先企業裡的員工就能少犯錯？其實，真正的差別還是在管理者自己身上。

　　一個真正優秀的管理者會認為：員工之所以犯錯是因為自己的培訓和管理方式還有缺陷，所以他們更願意將時間和精力放在完善管理方式、激勵制度、培訓專案上面，在幫助員工進步的過程中提升整個管理團隊的競爭力；而一個平庸的管理者則會覺得：員工之所以犯錯是因為他們能力不行，態度不端正，也無法正確領會上司的意思，所以總是看不清方向，也找不對方法！

　　其實，縱觀絕大多數行業，一線員工的個人能力根本不可能有什麼明顯的差異；而在大多數職位中，一些基礎技巧如銷售、服務、談判等也都有著基本的套路，在薪資水準持平的情況下，也很難說有太大的水準差異。因此，在員工犯錯的問題上，根本還在於管理

者對員工的態度激勵、技能打造和能力培訓。針對這些問題，真正需要反思的還是管理者自己！

在任何一個企業中，沒有員工是永遠不犯錯的。而一個優秀的教練式管理者是不會害怕員工犯錯的，對於員工犯錯也不會感到大驚小怪或者暴跳如雷，而是會從自身出發，想辦法完善自己的培訓和管理方式。

我曾經到日本的一家汽車公司參觀學習，我發現在這樣一個龐大的生產性公司裡，員工工作效率很高，而且很少犯錯。為什麼會這樣？答案很讓人吃驚，因為在這個公司的管理與制度中，完全沒有懲罰機制！而公司的管理者則認為，只要公司給員工提供有效的工具、正確的工作方法、優良的運轉系統，員工就肯定會做出好業績的。相應的，員工在這種良性制度的管理下，不但效率很高，而且還透過具體實踐提出了不少具有創造性的意見和想法，使公司的科學研究部門受益匪淺。

反觀在很多管理者「棍棒式」的管理下，員工所感受到的往往是反向激勵，也不可能對公司產生真正的歸屬感和忠誠度，最終工作效率也是大打折扣。

身為一個教練式管理者，一定要意識到：正向激勵遠比懲罰和反向激勵有用得多。一個團隊想要始終保持前進的態勢，就必然需要一定的推力。反向激勵或者懲罰，也許在短時間內會產生一定的效果，員工迫於受罰的壓力不得不機械地前進，可是時間長了肯定會反彈，更有甚者，員工可能會直接提出離職。一個優秀的教練式管理者一定要堅信：員工犯了錯，問題肯定是在管理者自己身上，這時候管理者更應該在態度、技能、知識等方面支持和幫助員工，使員工獲得正確的方法、工具和方向，這才是教練式管理的根本原則！

管理者如何做好授權評估

我在對企業的調查研究中發現了一個奇怪的現象：很多管理者幾乎從早忙到晚，就算是節假日也不放假，他們永遠都有忙不完的工作；而員工的工作熱情卻越來越低，工作積極性也在逐漸下降，工作的責任感在漸漸淡化。

許多管理者將這種現象的原因歸咎於員工，但是我認為對於一個企業管理者來講，員工工作失去熱情，管理者應該考慮是不是自己在某些方面做得不夠到位。管理者不需要在工作上與員工展開競賽，而是要做好員工的教練，指導和幫助他們成長。而要做好一名教練就要學會進行有效的授權，這個問題就成了眾多管理者需要認真思考的一個問題。

以餐飲行業為例。身為飯店的管理者，你的員工是否會經常遇到這種情況：飯店規定客人要在每天中午 12 點以前結帳離店，但某位客人向櫃檯接待人員詢問能否延至下午 2 點之前再離店；餐廳的服務員接到一份家庭訂餐單，飯店的選單上沒有客人要點的菜，然而顧客卻堅持不換菜；餐廳菜餚出現品質問題，客人要求服務員立即賠償和補救，同時要求給出一個滿意的答覆。

這類問題常常令服務員們無所適從，服務員通常會這樣回答客人們：「不可以，這不符合我們的規定，或「我要跟我們主管請示一下」。有時候也只能無奈地回答：「我很樂意為您做點什麼，但是我實在是無能為力。，客人聽到這樣的回答，產生不滿情緒是很正常

的。但是如果管理者對員工進行授權呢？這類問題似乎就比較容易解決了。給予服務員可以在一定範圍內打破飯店規定的權力，對一些比較緊急的情況採取特殊情況特殊處理的方法，讓員工能夠靈活處理、應對一些突發狀況，而不是互相推諉或請示更高一級的管理人員來解決，這樣就比較容易讓顧客滿意。

授權並不是我們通常所理解的表面意義上的授予其權力，還要在授了員薪資訊、知識技能、薪資和必要權力的同時，賦予他們發揮主觀能動性和創造性工作的自由。換句話說就是要授予員工能夠發揮主觀能動性和創造性的權力。

對員工的授權不僅僅是簡單意義上的授予其權力，而是管理人員在將必要的權力、資訊、知識和報酬賦予一線員工的同時，讓他們主觀能動地、富有創新地工作。也就是說，「授權」是透過授予服務人員一定的權力，來發揮他們的主動性和創造性。對飯店的服務員「授權」可以讓管理者與員工一起共享內部資訊、服務技巧和薪資等。對員工授權可以讓員工更多地了解飯店和客戶資訊，激勵他們更加努力工作。

另外，「授權」也是對員工的一種尊重，將員工從繁文縟節和制度規定中解放出來，給予他們充分的自由，放手讓他們自己去處理問題，讓他們擔負起自己的責任。對員工適當授權不僅能增強員工的責任感，使其以更加飽滿的熱情投入到工作中，還能展現出對顧客的一種人文關懷，提高顧客的滿意度。

身為一名長期致力於管理培訓和諮商工作的實踐者，我在很長的一段時期裡對授權管理進行了系統的研究和分析，得出的結論是：管理者可以將 80% 的工作授權給員工，而管理者應該將 20% 的工

作用來思考企業的前途、命運、方向、規劃等策略性問題。對於管理者來說，必須要具備兩項最重要的管理技能：一是要具備敏銳的策略思維，二是要懂得運用人才。比如制定策略規劃、向員工下達工作目標、善用獎懲制度、發展和培養部屬等。

通常員工自己就可以做到的工作主要包括日常的事務性和業務性工作、技術性比較強的工作、客戶接待和聯繫工作等。管理者在授權的時候要明確自己的職位職責，將各類工作按照責任大小進行排列，自己主要負責最重要的工作即可，其他大部分工作都可以將其授權給下屬。

但是管理者要注意的是，授權並不意味著放棄自己的責任。若一個管理者連責任都放棄了，那就說明他連自己的職位都放棄了。但是許多企業的管理者都錯誤地理解了授權，認為對員工授權之後，當員工無法完成指定的任務時，就可以將責任推給下屬。這是極端錯誤的意識。事實上，授權意味著管理者的責任更大了，不僅要對自己的工作負責，還要對下屬的工作負責。

量其能，授其權

員工的能力有大有小，知識水準有局有低，因此管理者在進行了授權的時候也要有所選擇。僅僅依靠員工的貢獻和資歷授權有時候不僅不能充分發揮員工的潛能，反而會因為授權不當耽誤大事。為此，我為管理者設計了一種梯形的授權方式，如圖 6-2 所示。管理者首先應該對員工的能力進行評估和排序，而評估和排序的方式主要包括績效評估、素養測試、調查和訪談等。

圖 6-2 量其能，授其權

（1）制約授權：剛剛入職的新員工，因為缺乏工作經驗，可採用制約授權法，一般將一些最基礎、最平常的工作交給他們做，並給他們提供指導。同時還要隨時對他們的行為進行監督和檢查，幫助他們盡快適應新的工作職位，掌握工作技能。管理者在其中扮演的就是導師的角色，只要給他們提供指導和支持即可。

（2）彈性授權：當員工在公司工作了一段時間、累積了一定的工作經驗，但仍欠缺一些工作技能時，管理者可以採取彈性授權法，給員工一些富有挑戰性的工作，同時給予他們一定的指導和支持。在這一等級，管理者主要扮演教練的角色，主要任務就是把下屬扶上馬，親身傳授工作經驗和工作技巧，幫助員工快速成長。

（3）不充分授權：在員工具備了一定的工作經驗和工作技能後，管理者就可以嘗試將一些比較重要的工作交給他們做，比如說一些重要專案的談判任務、拜訪公司的重要客戶、參與制定公司決策和策劃籌備一些重要專案等。管理者在這一等級就變成了員工的堅強後盾，員工也逐漸成長為公司的中層骨幹。

（4）充分授權：管理者實施充分授權針對的通常是公司的核心員工，這類員工一般是企業的重點培養對象，需要受到特別關注。而管理者只需要將工作任務交給他們就可以了，然後大膽地放手，讓他們去自由發揮。管理者只須握好韁繩，別讓他偏離方向就可以了。

這個梯形的授權方式是從高到低逐級遞進的。員工在知識素養、工作能力和態度方面的差異注定有些人只能停留在Ⅱ、Ⅲ階段，管理者能對其進行充分授權的員工只占到一小部分。

管理者如何進行授權評估

管理者對員工進行授權之後並不代表就可以放手不管了，因為授權總是有一定時間限制的。員工被授權的任務完成後，管理者要及時檢查授權的任務是否達到了自己的要求。如果授權達到了預期效果，就應該及時給予肯定和推廣；如果沒有達到預期效果，就應該及時進行檢討評估，找到授權中的缺陷，並予以改正。通常情況下，對授權進行評估主要包括 3 種方法，如圖 6-3 所示。

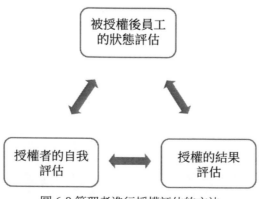

圖 6-3 管理者進行授權評估的方法

● （1）被授權後員工的狀態評估

管理者在完成對員工的授權之後還要經常觀察員工的工作狀態：如果員工幹勁十足，熱情高漲，精神飽滿，自信心足，毋庸置疑，你的授權就是成功的；相反，如果員工在工作時整天愁眉不展，滿腹牢騷，消極怠工，那麼就有說明你的授權可能是不太成功的。發現你的授權不成功後，你要及時對其中的緣由進行排查，然後找出合理的解決方案。授權不成功可能有以下幾個原因。

⊙ 被授權的員工能力不足或者員工對被授權的工作不感興趣，沒有熱情去完成這項任務。

⊙ 被授權人在出色完成了某一項工作任務後，受到管理者的重視，並被屢次授予重任，致使員工不堪重負。

⊙ 企業沒有將授權與績效、獎懲、升遷等制度有機結合，員工在完成了授權任務後得不到相應的回報，工作積極性下降。

● （2）授權的結果評估

授權的結果評估主要包括效率和業績兩個方面。如果員工的工作效率和工作業績都得到了有效提升，就說明授權是有效的；如果沒有上升，反而出現了下降，那就應該思考是不是你的授權在什麼地方不合理。

● （3）授權者的自我評估

你在授權之後，如果能夠逐漸擺脫複雜繁忙的事務，開始為公司的長遠發展做打算，那麼授權就真正有了意義；相反，如果授權之後，你變得更忙了，還要時時為你的員工收拾殘局，那麼就可以肯定你還不懂如何授權，你還要多學習這方面的技能。

　　需要注意的是，授權的使用往往跟一個企業的績效評估、薪酬制度和升遷設計緊密結合在一起，有任何一方面的不合理，授權就不會發揮它的應有效果。因此，管理者要做好授權工作，首先應該將企業的各種制度和系統進行調整，讓授權成為企業發展的催化劑。

成功授權的前提：提供支持和保護

在全球範圍內，員工的敬業度以及對組織的忠誠度普遍不高，由此帶來的後果則是工作效率低下，嚴重影響了企業的高效運作和持續發展。許多國內的企業管理者也經常針對這一問題向我請教，他們憂慮的表情告訴我，這一問題正深深地困擾著他們。

我在對一些企業進行教練式管理培訓過程中發現，員工的工作績效、敬業度以及對組織的忠誠度，在相當程度上就取決於管理者能否給員工提供足夠的支持和保護。由此得出的結論是：員工敬業度＋組織支持度＝員工效能。

企業管理者要想讓員工為企業創造最大的價值，首先應該給員工提供支持和保護，確保企業的組織體系和工作環境能夠有利於員工的成長和發展。

電影《征服情海》中有一句經典臺詞：「請協助我來幫助你。」這句話不僅道出了員工的心聲，而且也向我們證明了一條真理：員工為公司創造價值的大小不僅源於其本人工作意願的強弱，還受到公司對員工的支持和保護程度的影響。

在這裡我向大家分享一個數據，這個數據來源於一個著名的調查公司，它對員工對公司工作環境的滿意度進行了調查和分析。結果表明，在亞洲，有 66% 的員工認為公司為他們提供了滿意的工作環境，讓他們能夠盡情地施展才能，然而這個比例只是達到了全球的基礎水準。

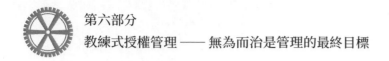
在印度和泰國，有分別占到 72% 和 70% 的員工認為公司的工作環境促進了他們的發展。這個數據是不容樂觀的，員工認為有一半以上的管理者對他們的激勵是不發揮作用的，甚至有的還產生了負面影響；有近一半的員工認為公司的環境影響了他們工作業績的提升。

在日本的企業中，最讓員工滿意的就是公司為員工提供的工作環境，日本企業的管理者已經意識到，要成功授權就必須盡可能地為員工提供支持和保護。正是因為如此，員工才會以更高的忠誠度和更加積極的工作態度投身到工作中去。不少日本企業取消了內部一系列的繁文縟節，優化了職位職能，給員工提供更多的自由，即便如此，不少日本員工仍然認為公司有更大的進步空間，可以為他們提供更多的支持和保護。

如果公司為員工提供的支持和保護較少，那麼員工在職位上的留職率就會很低。在全球的員工中，有超過 2/5 的員工有在 5 年內離開公司的計畫，超過 1/5 的員工打算在兩年之內就離開公司。較高的離職率不僅會影響公司的財務狀況，還會增加公司的人力資源成本。

在授權管理方面，Google 公司的做法值得許多企業學習和借鑑。在 Google 公司，管理者對員工充分授權，企業給員工提供大量的資源支持，幫助員工實現他們的想法和創意。Google 公司有一個著名的「20% 自由時間」政策，即允許每一名員工都可以花 20% 的工作時間「處理私事」，從事自己感興趣的專案研發，無論這些專案是否有利於公司；Google 公司的員工級別劃分為很多等級，但是不同級別的員工可以自由探討和爭論；Google 公司的管理者喜歡員工

發表自己的看法，並欣賞有創意的員工。

　　Google 公司對於人才的重視，在相當程度上就展現在對員工的授權管理上。在其他公司，員工更多的是以「被迫者」的身分去實現老闆的目標，員工所有的工作成果都是命令式管理的產物；與之截然不同的是，Google 公司的員工可以自由地從事自己喜歡的專案 —— 只要他認為這個專案是有價值的，他的上司就絕不會對他的工作橫加干涉。如果這個專案最終得到了部門同事的認可，那麼 Google 公司就會投入大量的人力、物力、財力去支持該專案的研發和推廣，而屆時你將會親眼看到自己一手創造出來的專案被千千萬萬的 Google 公司使用者使用。

　　或許你現在所的專案暫時不能為你的團隊創造價值，但是卻有可能為另一個團隊提供最佳解決方案。Google 公司的一位團隊的研發經理陳雍曾經說過：「在我的團隊裡，我盡量為我的夥伴創造一種適合激發創意靈感的工作環境，而且我從來不管我的研發工程師們在做什麼，我要讓大家覺得『我是在做自己的工作，而不是為老闆或者公司工作』。」在 Google 公司，工程師們有充分的自由選擇自己喜歡做的東西，這樣做出來的產品會更加有創意，品質也會更高。如果要進行一項新產品的開發，開發人選對專案的研發是很有影響的，Google 公司通常都會選擇對這一方面感興趣的員工。

　　Google 公司的員工認為，爭論在公司中是無法避免的，因為 Google 公司擁有最聰明的員工和最優秀的團隊，沒有爭論就沒有說服，沒有爭論就沒有進步。這與 Google 公司的企業精神也是相符合的。「使用者至上」和「動手不動口」是 Google 公司精神的兩個重

要方面，Peter 說：「『使用者至上，是企業精神的核心，也是衡量一個專案價值的標準，這一點是毋庸置疑的，因此 Google 公司通常針對這個專案是有價值、怎樣做才能讓它更有價值等問題展開爭論。僅僅靠語言的爭論並不能解決問題，真正聰明的工程師就會直接去動手，拿出產品的雛形，而不是紙上談兵，因此『動口不動手』也是 Google 公司員工信奉的一個方面，這樣的做法通常勝過千言萬語的爭論。」

在 Google 公司的翻譯團隊裡曾經有這樣一個例子：有一個工程師提出一個方案，他覺得非常有創意而且可行，但當他將這個想法告訴自己的同事和上司的時候，並沒有得到他們的認可和肯定，他別無他法，只能自己先去做了一個產品的雛形，然後拿給他們去看，結果得到大家的一致認同。這說明，動手遠比動口更有說服力。在 Google 公司還有一條不成文的規定：無論你的工程師職位做到了什麼級別，只要是你寫的程式碼，就必須在得到團隊另一個成員的同意之後才能提交給上一級；而且在程式碼評審中，大家的發言沒有任何資歷和級別限制，就算是剛剛入職的新人也有權利對你的程式碼提出置疑。

3M 公司研發部的領頭人物威廉·麥克奈特（William L. McKnight）認為，好的老闆應該是員工的重要支撐，能為自己的員工提供各種幫助和保護。他向我們講述了他曾經在 3M 工作時的一些事情。在他還是普通研究員的時候，他就經常發現總有一些高層管理者喜歡提一些問題，並自以為是地提供建議，常常把他們的創新研發工作團隊搞得烏煙瘴氣。後來麥克奈特升任了研發部的主管，他下決心要竭盡所能地為員工創造合適的工作環境，因此他經常挺身

而出，主動為自己的團隊化解矛盾，並承擔來自公司內外的各種輿論和工作壓力，對於那些喜歡指手畫腳的高階主管，他也勇敢地與他們爭辯。

　　威廉·麥克奈特的做法應該在企業中大力提倡，那麼怎樣為員工提供支持和保護呢？我為大家總結了七個方面，大家可以從中借鑑。

克制「為所欲為」的衝動

　　一個好的管理者會因為給員工添了麻煩而坐立不安。著名戲劇導演弗蘭克·豪澤是一個比較爽快的人，他特別討厭那些習慣一遍一遍不停嘮叨的導演，他認為這樣不僅浪費大家的時間，而且也沒有任何效果。除此之外，會議也是浪費時間的重要形式，有的老闆為了突出自己的地位和重要性，經常在开會的時候遲到或者隨意延長會議，這種做法非常讓員工反感。作為一個管理者，應該在會議中做到言簡意賅，突出重點，並且要以身作則，為員工樹立一個良好的榜樣。

為員工的合理爭論創造良好的氛圍

　　一個好的管理者不會阻止員工的爭論，因為員工的合理爭論是促進企業進步的重要因素。所以說為員工的合理爭論創造良好的氛圍是一個聰明的管理者應該具備的重要技能之一。皮克斯公司著名動畫片導演布萊德·博德（Phillip Bradley Bird）經常對自己的團隊說：「在我的團隊裡，我希望大家可以暢所欲言，不要有什麼顧忌。」管理者應該意識到，以相互信任為基礎的合理爭論是有意義的，並且能夠對企業發展產生正面影響。

保護員工不受外界影響，幫助他們節省時間

現代社會是一個被電子郵件、RSS 訂閱、微信、FB 充斥的時代，員工受到來自外界的影響越來越多，身為管理者的你肯定不能置身事外。你要盡可能地為員工創造一個良好的工作環境，保護員工不受外界影響，幫助他們節省時間。尤其在現代社會，知識型員工已經成為了企業發展的主力軍，他們更需要安靜適宜的工作環境以集中精力工作，因此，你就要為他們提供各種支持和保護，保證他們能夠安心工作。

幫你的下屬抵制來自上層的瞎指揮

一些上層管理人員喜歡瞎指揮，他們的一些決策有時可能會影響你下屬的業績和福利，甚至關乎你職位的升遷。身為管理者你應該做好權衡，明確對他們的意見是堅決抵制還是順從：如果他們的意見有效，那就要借鑑；如果你認為他們的意見對團隊發展根本毫無意義，那你就要學會拒絕。

分清輕重緩急

一個好的管理者會明白集中力量辦大事的道理，因此在面對眾多紛雜的事務時，你應該首先將每件事按照輕重緩急進行分類排序，讓員工把精力放在最重要的事上面。對一些不太重要但又躲不過的事情要學會快速解決。

幫員工減壓

一個好的管理者要學會為手下撐腰，在下屬犯了錯誤的時候，要勇敢地站在他們前面。雖然許多時候這種方法是不值得提倡的，

但不可否認，這樣做有時候會很容易獲得員工的信任和尊重。紐約揚基橄欖球隊的前任經理喬‧託雷就認為，為自己的隊員撐腰是一件理所當然的事，就像媽媽本能地保護孩子一樣。

幫助員工消滅「敵人」

　　心胸狹窄、粗魯無禮的人會對員工的工作情緒產生消極影響，一個好的管理者會保護自己的員工免受這種影響。對於那些出口傷人、難纏的客戶，管理者要學會拒絕，以保護自己的下屬；對於在團隊中影響他人工作的員工，管理者也要學會裁人，一個成功的管理者不會被這些員工綁架，更不會害怕失去員工。

充分授權不是放任

　　授權管理作為一種新興的管理理念開始受到越來越多企業管理者的青睞，這種管理理念誕生於 1990 年代，並在 21 世紀受到商界人士的廣泛歡迎，而且這種思想也在員工中獲得了讚賞和肯定。得到授權的員工可以自己做決定並執行，上級也不會橫加干涉。對員工充分授權不僅有利於增強團隊的團結合作，增進員工與管理者之間的互信，還有利於減輕管理者的工作壓力。對員工進行有效和充分授權就是現代管理者需要掌握的一門管理技能。

　　身為一個企業的管理者當然應該掌握公司的發展脈絡，但一個高效的管理者卻知道如何不事必躬親就能掌握公司的大量資訊。而這就是授權管理的功效 —— 達到 1000% 的管理效率。

　　一個聰明的管理者應該知道，充分授權並不意味著讓對員工放任自流和權力的無原則下放，管理者要更加重視對員工的監管和控

制。因此，我這裡所講的授權實質上是相對的、有原則的授權，是
在有效監管和控制之下的授權。

A 公司是一家專門生產玩具的企業，它隸屬於本市的一家民營
集團。近幾年隨著公司業務規模的擴大，從 2010 年開始，集團的老
闆決定實施授權管理，將這家玩具公司交給了企業專門聘請的總經
理和他的經營團隊。集團老闆授權之後就不再過問玩具生產公司的
日常經營情況了，也未曾規定玩具生產公司的經營管理階層需要向
他定期彙報公司的經營情況，對公司的經營目標也沒有提出具體的
要求，而只是向公司的管理階層承諾，如果公司盈利就會對他們進
行獎勵，但卻又並沒有制定具體的獎勵制度。由於玩具公司缺乏完
善的規章制度，因此公司不管是採購、生產還是銷售、財務工作，
通通由總經理負責。終於在兩年之後，公司老闆發現公司經營出現
了問題。

公司在缺乏有效監管的情況下，生產和經營管理陷入了一片混
亂，員工經常遲到早退，而且在生產過程中經常發生用錯原料、用
錯模的情況，產品的次品率過高。甚至有的業務員還經常在與客戶
合作的時候私拿回扣、虛報價格，就連公司的帳務也被弄得一塌糊
塗。老闆與管理階層之間也產生了利益分歧，雙方相互埋怨：老闆
覺得自己在這兩年中給公司注入了幾千萬的資金，卻沒有得到任何
回報，他將責任歸咎於管理階層的經營不善；公司的管理階層則認
為，企業近兩年一直在減虧增盈，而老闆卻不兌現自己的承諾，將
之前的獎勵承諾拋之腦後。

老闆在意識到玩具公司出現了一系列的問題之後，將經營管理
權全部收回，由自己掌控公司的生產經營。老闆在收回權力之後，

公司的管理階層失去了原本的大權，認為老闆並不信任自己，工作熱情下降，消極怠工，還經常在員工中和網路上散布一些對公司不利的訊息，使公司的形象嚴重受損，企業的經濟效益也受到了一定的影響，公司經營陷入了一種進退維谷的尷尬境地，老闆也對授權管理失去了信心。

在我看來，授權不僅是一門技術，更是一門藝術，是當今企業管理者必備的技能之一。能對屬下進行有效授權是一個優秀管理者管理才能的重要展現，管理者勇於授權和善於授權，是管理理論成熟的表現。

成功運用授權藝術，讓授權發揮它的功效，不僅能增進與下屬的相互信任，提高員工的工作熱情和工作積極性，增強團隊戰鬥力，還能夠幫助管理者擺脫繁雜的工作事務，使員工集思廣益，增強決策的科學性和正確性，提升團隊的整體功效，推動高效團隊的形成和運轉。

如果授權管理技術使用失當，也有可能導致下屬的權力濫用，失去對下屬的監控和監管，將有可能損害企業的發展，甚至會使企業經營陷入困境，最終導致企業破產。因此，授權是一把雙刃劍，用得好就能給企業帶來巨大的效益，運用不得當就有可能成為企業的災難。

在以上的案例中我們可以看出，老闆對下屬授權的目的本來是減輕自己的工作壓力，給下屬的能力提升創造平台，提高管理階層的工作積極性，但是結果卻沒有達到預期，反而使公司的經營管理陷入一片混亂。

究其根源，我認為公司的生產經營困境並不是因為老闆的授

權，而是老闆沒有掌握好授權這門藝術，才使得公司的經營管理走向了兩個極端。

一是在剛開始對下屬進行授權的時候，認為對下屬的授權就是放任自流，在公司不具備授權管理條件的情況下就對企業的經營管理階層進行了授權，導致企業的經營管理出現混亂。

二是公司剛剛經營了兩年，老闆發現了經營管理中的問題之後，又將下屬的經營管理權全部收回，讓下屬感到了老闆對他的完全不信任，嚴重挫傷了工作積極性。

因此，企業管理者對下屬的充分授權並不是指讓下屬放任自流，而是在對下屬進行有效監管和控制的前提下進行的有原則的合理授權。

對授權進行有效監管與控制的要點如圖 6-4 所示。

| 有效監管是進行充分授權的前提 |

| 授權要與企業的制度和規範相適應 |

| 授權要與對員工的考核和激勵相結合 |

| 溝通是授權的有效前提 |

圖 6-4 對授權進行有效監管與控制的要點

有效監管是進行充分授權的前提

授權就是企業管理者將自己的權力授予下屬，給予下屬一定範圍的自主權，讓他們能夠自己去解決遇到的問題。當然，下屬在獲

得權力的同時，也要承擔起一定的責任。下屬得到了授權之後，可以自主決策和執行，自主性和獨立性得到了很大的提升，管理者也更加有信心，並且更加盡心盡力地去完成某個工作專案。當然凡事都有利也有弊，如果授權管理技能使用不當，也有可能導致下屬濫用權力，下屬也就很難達到授權者所設定的企業目標，企業的發展也有可能會脫離航道。嚴重的話，得到授權的下屬還可能會利用手中的權力謀取私利，損害公司的形象和利益。

有一位著名的授權管理專家說過：「沒有監管和控制，權力必定會滋生腐敗。」在企業管理中，如果管理者能夠有效授權並進行有效監管，那麼就算是原本能力不高的員工也會為你所用，為你創造價值；但是管理者如果僅僅對員工授權卻缺少對權力的控制和管理，那麼原本能為你創造效益的員工也有可能會成為企業發展的絆腳石。

管理者在對下屬授權的時候，如果僅僅授其權，而沒有建立有效而完善的監督管理機制，那就不是授權，而是棄權了，或者說助長了企業內部被授權者濫用職權的風氣。管理者必須要明白，授權是對下屬的授權，是沿著一種自上而下的方向授權，職權的下放並不意味著責任的下放，管理者在任何時候都要時刻記著自己身上肩負的責任。建立有效的監督管理機制是保證被授權者合理用權和朝著既定目標努力的重要前提。

有的人認為，對授權進行監管實際上是對授權的一種否定。我們首先應該改變這種觀念，要意識到有效的監督管理與授權並不矛盾，我們這裡所講的監督管理實質上是為授權管理的有效執行護航。這樣做不僅可以讓授權者放心授權，還可以讓被授權者安心用權，讓充分授權成為推動企業發展的重要力量。

授權要與企業的制度和規範相適應

　　許多企業在看到有許多同行應用了授權管理並得到好處之後，便盲目效仿，結果陷入了授權困境。因此，管理者在企業中運用授權管理技術之前，首先應該考慮企業的具體狀況，看看企業的規章制度、經營管理和規模是否已經具備了授權的條件。只有在企業的規章制度和經營管理達到一定條件，企業的各個職位和部門的職、權、利劃分明確之後，授權在有章可循、有規可依的前提下才能真正發揮功效；這樣不僅可以減少授權的盲目性，還可以讓授權者認清自己的權利和責任，不至於授錯權。在有明確規章制度的前提下，被授權者也能明確自己手中權力的適用範圍和肩負的職責，讓權力在有效管理和控制的前提下發揮應有作用，最終實現預期的目標。

　　企業應該具備的規範和制度主要包括績效考核制度、預算審計制度、工作和財務報告制度、生產管理的操作規範、產品銷售的基本規範等。這些制度和規範不僅可以有效監管授權管理，而且可以讓授權者和被授權者更加明確自己的權力和職責，保證授權管理在企業中通暢執行。

授權要與對員工的考核和激勵相結合

　　在管理學領域，激勵是管理者鼓勵員工努力工作的重要方式，只要你能正確使用激勵這一良方，最平庸的員工也會為你創造無窮的價值。在我看來，授權實質上就是一種激勵，對員工授權不僅可以滿足員工實現自我價值的願望，還能讓員工在參與企業管理的過程中感到被重視和尊重，增強員工對企業的責任感和歸屬感，提高

他們的工作積極性。

為了發揮授權的激勵效應，授權還要與考核和激勵相結合，使被授權者的能力和潛質得到最大限度的發揮和利用，最終推動員工個人價值和企業目標的實現。因此，管理者在授權之前首先應該明確並告知被授權者其權力範圍、職責範圍和要完成的目標，讓被授權者在職權範圍內朝著明確的方向邁進。除此之外，管理者還要對被授權者的工作業績進行客觀的考核，考核本身就是一種監督管理的方式，在對被授權者的成就進行肯定和讚賞的同時，鼓勵被授權者在工作中更加努力。

溝通是授權的有效前提

（1）透過與員工進行溝通，發現並明確被授權者。管理者要經常與員工進行溝通交流，了解員工的真實想法和真實能力，因為授權管理是基於管理者對員工的充分信任的，所以在未對員工做到真正了解的情況下，授權是不可能發生的。溝通是管理者與員工建立充分信任的基礎，只有在充分了解了員工的知識素養和能力品行之後，才能在授權的時候選擇正確的方式、合理的授權範圍和權力內容，才能讓授權發揮功效。

（2）透過與被授權者進行溝通，被授權者更加明確自己的職責和許可權範圍。經常與被授權者進行溝通不僅可以明確授權雙方的職責和許可權，還可以使被授權者的工作許可權被限制在合理、有效的範圍之內，防止被授權者濫用職權。

（3）透過與被授權者進行溝通，掌握被授權者的工作進展情況。管理者在進行授權之後也要經常與被授權者進行溝通，隨時了

解被授權者的工作完成情況，並及時發現和糾正被授權者工作中出現的問題。這個階段的溝通就是一種有效監管的方式，可以及時防止被授權者偏離軌道，確保其出色地完成工作任務。

　　這裡需要特別注意的是，授權管理中的溝通並不是指被授權者在接受一定的權力之後仍需要事事請示上級。這裡的溝通只是連線授權者與被授權者的一個橋梁，被授權者透過溝通明確自己的權責範圍，在有效的範圍之內充分發揮自己的積極主動性，竭盡所能完成自己的分內之事。

第七部分

教練式培訓管理 —— 實現管理者與員工的雙贏局面

員工培訓：教練式管理的中心技能

在我從事培訓教育的工作中，常常會遇到學員向我抱怨他們的上司不識千里馬，看不到他們的能力和價值。這確實是企業中經常存在的一個問題：有些管理者認為員工就是一輩子的打工者，因此他們對待員工總持一種淡漠的態度，一直將自己放在上級的位置，甚至對員工隨意發號施令。這些管理者通常不具備教練式管理的技巧，在培訓員工、分配任務和績效評估方面總是落後一步，在辦事方面也不懂得合理安排工作時間，分不清工作的輕重緩急。他們對員工缺乏耐性，在安排工作的時候也對員工極度不信任。如果你是這樣的管理者，那麼你就可能為你的員工創造了一種壓抑而偏執的工作環境。

我可以肯定地說，如果在企業中你是這種管理者，那麼你的企業肯定出現過管理問題。在企業遇到的管理危機中，有多少是因為你的原因造成的，大概只有你的員工和你本人清楚了。

隨著企業組織的日益龐雜，僅靠管理者的運籌帷幄來對企業進行管理的日子已經一去不復返了。管理者必須提高自己的培訓技能，培養更多優秀的員工來幫助自己實現工作目標，提高工作績效。

除此之外，管理者還應該為員工創造一種積極的工作關係，讓員工感到自己被重視和受尊重。管理者還應該加強對員工的培訓，發掘員工的潛能，幫助員工實現個人價值和提高工作效率。同時，

管理者也要為員工營造良好的工作環境和工作氛圍，為員工提供展現個人能力的機會，拓寬員工的發展空間。對於為公司做出重要貢獻的員工，管理者還要對他們表示肯定和支持，還可以給予一定的物質獎勵。

肯德基是世界最大的餐飲連鎖企業之一，肯德基的人員管理和培訓體系也是企業應該學習借鑑的重要方面。

肯德基作為勞動密集型的服務性產業，一直奉行「以人為核心」的人力資源管理制度。因此，肯德基將員工視為企業能夠迅速發展的重要推動力量。因此肯德基非常重視對員工的培訓工作，並不斷擴大對人力資源的培訓投資，而且培訓對象是圍繞各級管理階層和普通員工的，從餐廳的基層服務員到餐廳經理，再到各部門的執行和管理人員。培訓工作不僅能夠提高員工的工作技能，提升員工自身的素養，還有利於員工自身知識結構的完善和發展。

此外，肯德基對員工採取開放式就業的態度，而且不限制員工的自由流動。許多在公司經過嚴格培訓的員工和管理者因為各種原因離開了公司，也會走進當地著名的企業。正是因為肯德基為員工提供了這樣一種寬鬆自由的工作環境，員工實現了自由流動，才使得肯德基特有的管理和培訓理念在當地實現了傳播。透過在肯德基工作和接受培訓，員工變成了人才，成為公司重要的人力資源成本。

那麼，肯德基為員工提供了怎樣系統的員工培訓呢？

設立「員工課堂」作為員工的教育培訓基地

肯德基專門建立了為當地餐廳提供專業培訓的教育基地 —— 員工課堂。員工課堂成立於 1996 年，培訓主要針對餐廳的管理階層，

每年都會有 2,000 多名管理人員從全國各地來到這個訓練基地，接受系統專業的培訓。教育基地每兩年就會對課程應用的教材進行更新，以適應日益變化的競爭環境和管理理念。管理階層需要接受的培訓內容主要包括產品品質管理、品質評估、與顧客的服務溝通、管理時間的學習、管理風格和團隊合作的培訓等。

有一名肯德基的餐廳管理人員向我們介紹了他所參加的培訓課程，主要有如何協調團隊完成工作任務、基本的管理理念培訓、如何進行績效管理、如何管理一個專案計畫、身為管理者應該具備的好習慣、應該要掌握的談判技巧等。肯德基在最初對員工進行培訓的時候有一部分是參照國際標準進行的，但培訓的主要內容還是來自於員工累積的豐富經驗。因此肯德基對教材的更新主要是來自於員工在實踐中獲得的知識和方法的補充。「三人行，必有我師焉」，因此參與培訓的員工既是受訓者，又可以成為其他受訓者的教導者。

分門別類的內部培訓制度

肯德基對員工的內部培訓進行了分門別類，主要包括員工的專業職能培訓、餐廳員工的基礎職位培訓和管理的技能培訓。

肯德基現隸屬於全球最大的百勝餐飲集團。百盛餐飲集團為員工設立了專業的職能部門，分管肯德基的市場開發、行銷、策劃、採購、配送等工作。

百勝餐飲集團還對專門的培訓與發展計畫進行了策劃，以便適應整個公司的培訓系統的運作和發展。公司還會給剛剛入職的員工提供為期一週的餐廳實習，以便其更具體地了解餐廳的經營運作和

企業文化。公司還為管理人員專門安排了有關企業文化培訓的課程，一方面有利於提升員工的工作能力和自身素養，為企業培養更多更優秀的管理人才；另一方面也有利於管理人員更深地了解企業的精神文化，促進公司和管理者共同進步。

肯德基鼓勵公司內部的橫縱交流

肯德基還經常在公司內部為員工舉辦不定期的競賽活動，旨在促進員工之間的交流，密切員工的關係。一位在肯德基餐廳工作的員工說，他在肯德基學到的最多的東西就是團隊合作和對細節的關注。當然，肯德基教給員工的東西也一直影響著員工以後的工作和生活。

除此之外，肯德基還加強與其他企業的交流，促進行業內部的橫向交流。比如肯德基舉辦了「中式速食經營管理高階研修班」，在這個研修班中，來自全國各地的中高階餐廳管理人員可以進行自由交流和學習。研修班還專門聘請了相關的專家為他們講述有關速食連鎖的理念、結構和營運模式，市場的開拓和產品定位，工藝和裝置的標準配置，配送中心的建立等的內容。肯德基還加強了對員工的技能和觀念的培訓教育，不僅有利於員工工作能力的提高，還有利於促進國內餐飲行業掌握最先進的經營管理理念。

在我看來，要成為一名真正的管理者，那麼首先就應該放棄傳統意義上的管理理念，先當好員工的教練，幫助員工提高工作能力和工作責任感，也就是做好所謂的業績輔導。

業績輔導是一種以人為本的管理方式。透過為員工創造輕鬆自由的工作環境，加強員工之間的交流，增進員工之間的連繫。要成

為員工的業績輔導教練，你就必須積極參與員工的工作，做員工的導師而不是旁觀者。相對於為員工安排任務、控制團隊結果，要做好業績輔導教練必須掌握好傾聽、提問和協調的技巧。

業績輔導主要分為四個階段，前一階段是下一階段的前提和基礎。如果不能順利完成前一階段的工作，下一階段的工作就無法順利開展。最後一個階段的工作則對整個業績輔導流程起著關鍵的作用，具體如下。

業績輔導流程的前提就是首先要與你的員工間創造出一種良好的工作關係，增強員工的責任感和歸屬感，改善工作業績、提高工作效率。

首先讓我們將工作關係的定義拆開來進行理解。在工作中創造積極的工作關係不管是對管理者還是員工來講都有好處 —— 管理者能獲得員工的信任和支持，員工能實現自己想要實現的目標。但要注意的是，工作關係是一種職業關係，而不是私人關係。

增強責任感可以讓員工為了自己的團隊和企業目標自願做出自我犧牲，而要實現這一點，首先應該將團隊和企業的目標清楚地告訴自己的員工，然後為員工提供必要的培訓，在做涉及員工自身利益的決定時，要有員工的切身參與，並讓員工在其中發揮主要作用。

身為業績輔導教練，還要培養員工的主角意識，增強員工對企業的歸屬感，讓他將工作當作一份事業、一種創作。

在對員工進行業績輔導的時候，要做好四個階段的工作。

● 培訓

在對員工進行培訓的工作中，你要扮演好一對一的導師角色，幫助他們解決在成長過程中遇到的問題，與他們共享企業的資訊，促進企業的良性發展。

你要記住，企業的業績都是人做出來的，所以你要學會對你的員工負責。我不提倡將公司的培訓工作交給外人來做，首先他們雖然看似專業，但是他們對你的企業毫無了解，對員工的培訓也沒有針對性；其次，因為他們不是企業中的人員，他們不會對企業員工的工作業績負責到底。

● 職業輔導

身為員工的職業輔導教練，你還需要幫助員工探索職業發展道路，挖掘員工的工作興趣點和工作能力，促進員工對本職業的認同感，增加其對未來發展的信心。對於員工在職業發展中遇到的困難，職業教練要耐心地幫他們解決。同時，教練還要讓企業清楚地了解員工的職業發展觀，以便為員工的職業發展創造條件。

● 面對困難

要提高員工的工作業績，首先要面對在提高工作業績道路上遇到的困難。這主要包括兩個方面：一是鼓勵業績好的員工做得更好；二是幫助業績差的員工提高能力、獲得滿意的業績。如果你直接向某些員工指出他們的業績差，那就跟斥責無異了，因此你還要掌握與員工溝通的技巧，爭取用真誠謙和的態度告訴他們如何提高工作業績。

● **做員工的導師**

　　做員工的導師主要目的是幫助員工在職業生涯發展中取得更大的成功。身為導師，你首先應該幫助員工解開迷惑，將企業組織結構的框架和企業發展目標清楚地告知員工；其次你還應該引導員工應對和解決組織中可能出現的種種問題。做員工的導師和為員工進行職業輔導是有所不同的，導師首先應該向員工灌輸企業的經營目標和經營理念，然後再根據企業的目標和理念向員工傳授資訊和經驗，教導員工在企業組織中發揮自己的價值。當員工遇到個人危機時，導師還要扮演知己的角色，及時將他們從危機中解救出來。

如何對新進員工進行培訓

對新入職員工進行培訓就是指幫助剛剛進入企業的員工明確發展方向，盡快適應新的工作環境，理順工作關係，明確自己的職責和工作內容，了解企業的規章制度，認可企業的價值觀念，讓他們能以最佳狀態投入工作中去。一次成功的新員工培訓可以幫助員工迅速了解企業的價值觀和核心觀念，適應工作環境，增強企業各部門之間的配合。那麼，如何對新員工進行培訓才能取得良好的培訓效果呢？首先我們來看一下知名企業星巴克是怎樣進行新員工入職培訓的。

星巴克公司因其獨有的培訓方式而在眾多連鎖咖啡公司中脫穎而出。星巴克所有新入職的員工除了要進行常規的業務訓練之外，還需要進行一定時期的門市見習，並接受必要的咖啡知識的培訓。

● 門市經營的培訓

這是所有新入職員工必須要接受的一道培訓程序。這種門市經營的培訓通常要持續 2~3 週。新員工會在老員工的指導下，從最基本的泡咖啡開始做起，還會學習有關零售知識、職位鍛鍊、門市管理等多個方面的課程。

星巴克的管理人員通常是從基層逐漸選拔出來的員工，這不僅為員工設計好了良好的職業發展規劃，而且也為企業的永續發展打下了堅實的基礎。

● **咖啡知識的培訓**

對於咖啡知識的獲得，員工共有兩個途徑； 分享或自學。公司會對新入職的員工進行有關咖啡豆的來源地、咖啡豆的烘培方式等基礎知識的傳授。基本的知識傳授之後，員工要想獲得更多的咖啡知識，就可以透過公司的內部數據和員工之間的分享來獲得。

星巴克每年還會舉行一次有關咖啡知識的競賽，透過比賽，評選出掌握咖啡知識較好的員工，並授予他們「咖啡大師」和「咖啡公使」的榮譽稱號。

● **星巴克大學**

2012 年 11 月，星巴克針對員工推出了一個企業大學培訓平台 —— 星巴克大學。新入職的員工除了接受基本的培訓之外，還可報名參加星巴克大學，接受更加系統的培訓，為提升自己的知識、技能打下基礎。

星巴克大學提供的課程主要有以下幾種。

1. 新員工課程：涉及獲得星級咖啡師證書的課程、咖啡知識的交流、進入公司的初步體驗、公司價值觀和核心理唸的學習等。

2. 專門針對個別員工的課程：這類培訓課程是專門針對員工的個性特點和需求來進行設計的。這通常由員工的直屬上司進行推薦，如咖啡大師的認證專案、專案管理和運作、談判技巧等都屬於此類的課程。在員工希望從門市進入總部時，這類培訓是不可缺少的。

3. 優秀員工進階課程：這類課程面向的往往是具有管理潛質的員工。比如為專門培養門市經理而設立的星光計畫培訓專案。每

年都會舉辦一期這樣的專案，但培訓時間會被分割成好幾個部分，目的是將培訓與工作進行有機結合。

那麼，對於我們國內企業來講，應該怎樣對新員工進行培訓呢？

了解新員工的培訓需求，明確培訓目標

剛剛進入公司的員工最想要知道的就是公司的基本情況和公司未來的發展前景、自己在公司是否有發展機會、為了升遷需要付出哪些努力等。因此，為新員工安排的培訓應當主要是有關公司基本發展情況的內容，為的是能夠讓員工盡快適應公司的工作環境，迅速融入工作中，與同事進行密切配合，提高工作能力，實現個人與公司的共同進步。了解員工的培訓需求，可以為公司明確培訓目標，使培訓課程更有針對性。

制定詳細的新入職員工培訓計畫

在做任何事情之前都要有明確的計畫，因此，要想讓新員工的入職培訓能夠有序進行，就應該制定詳細的培訓計畫，重點要考慮以下幾個問題，如圖 7-1 所示。

圖 7-1 培訓計畫重點考慮的問題

● （1）培訓師資

　　培訓老師能力的高低直接關係到培訓的效果。培訓老師除了應該必備所需的專業知識之外，還必須掌握相應的培訓技巧和培訓方法。做得好的人不一定能準確表達自己的意思，說得好的人不一定能夠做好。因此，選一個好的培訓師對於培訓至關重要。

● （2）培訓場地

　　並不是所有的培訓都要安排在室內，管理者可以根據具體的培訓內容和培訓方法安排相應的培訓場所。

● （3）後勤保障

　　要把每一位新入職的員工當作企業大家庭裡新增的成員，為他們提供必要的物質保障，讓他們感受到家的溫馨，進而迅速融入公司。

合理設計培訓內容

　　新員工入職培訓的內容可以包括以下內容，如圖 7-2 所示。

　　（1）向新員工介紹公司的發展情況。主要是向新員工介紹公司過去的發展歷程、未來的發展前景、公司的文化以及管理理念等基本狀況。這個課程通常由公司的管理階層來擔任講師。

　　（2）介紹公司的規章制度。通常由人力資源部的經理來向新員工介紹公司的規章制度、團隊結構和職位職責，讓新員工明確自己的發展方向，並制定奮鬥的目標；同時，這對新員工制定職業規劃也有很大的幫助。

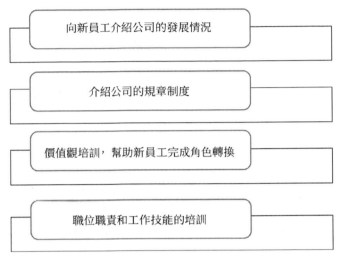

向新員工介紹公司的發展情況

介紹公司的規章制度

價值觀培訓，幫助新員工完成角色轉換

職位職責和工作技能的培訓

圖 7-2 新員工入職培訓的主要內容

（3）　價值觀培訓，幫助新員工完成角色轉換。這類的培訓課程可以透過公司內外部培訓的結合來進行，不僅可以提高培訓的檔次，還能夠提高新員工的積極性。

（4）　職位職責和工作技能的培訓。有關這方面的培訓相對來說比較具體可以由各部門的主要負責人做主講。因為他們是最了解具體的工作內容的，能夠幫助員工明確自己的工作職責和內容，還可以教給他們一些具體的工作技能，減少新員工在剛開始工作時的一些困惑，增強其工作的自信心。

培訓評估要貫穿培訓過程

當然，安排培訓課程並不是培訓的最終目的，公司的管理階層還應該更加重視培訓的效果。為此，管理階層必須以培訓目標為出發點，關注培訓品質，制定培訓計畫，對每一個培訓環節都要進行

評估，對培訓的效果和品質進行跟蹤。

在培訓前進行評估，可以確保培訓計畫與公司的發展需求相銜接，實現公司培訓資源的合理分配，提高培訓品質。在培訓中進行評估，可以對培訓活動進行及時的調整，保證培訓效果。在培訓完成後進行的效果評估可以對培訓效果進行檢驗，了解員工學習、掌握培訓內容的情況，提高員工的學習積極性，並幫助他們將學到的知識應用到實際工作中去；還可以明確培訓目標的達成情況，從而對培訓計畫進行合理的改進。

新員工的培訓不是一件一蹴而就的事情，需要傾注愛心和耐心。管理者要將新員工當作公司的內部客戶，要意識到：將他們培訓好了，他們就能為公司創造更大的價值。

21 世紀，員工培訓已經成為開發公司人力資源的一個重要途徑。組織員工進行培訓，不僅可以提升員工的素養和能力，還能夠提升公司整體的競爭力和工作效率。因此，新入職的員工能否盡快為公司創造價值，關鍵就看公司是否重視新員工的入職培訓。

進行員工培訓應避免的八個失誤

企業要想在 21 世紀獲得穩定發展，就必須做到培訓、改革兩手抓。

長期的培訓不僅可以為企業創造更有價值的人才資源，而且能幫助員工提高自身素養，為企業創造更高的效益。堅持不懈地對員工進行培訓也可以讓員工更加認同企業的文化，為企業變革打好基礎，提高企業變革成功率，促進企業邁入一個新的階段。將培訓與改革相互配合、交叉使用，企業會走得更遠。當然，要讓兩者實現緊密配合也不是一件易事，總會出現不盡如人意的地方。

企業的競爭不僅存在於國內市場，還將拓展到國外市場，企業的危機感迅速上升，企業要想獲得長期穩定發展就必須提高企業自身的整體實力。在這種形勢之下，國內的培訓行業迅速崛起，很多企業開始與諮商公司展開合作，對公司內部員工進行培訓，提升企業實力，促進企業保持穩定發展的勢頭。

雖然許多國內的知名大型企業已經很重視對內部員工的培訓，而且大都與諮商公司進行了合作，但是目前國內的培訓行業仍然處在良莠不齊的發展階段，不少培訓人員對培訓方法存在誤解，使培訓不能發揮它的真正作用，反而阻礙了企業的平衡發展。為此，我總結了當代企業管理者在進行員工培訓的過程中應避免的八大失誤，如圖 7-3 所示。

關閉家門，自己培訓	搞錯培訓需求	單純追求名人效應	培訓課程模式化	培訓缺乏前瞻性	過分強調培訓價值	認為培訓就是幫你做	為了培訓而培訓

圖 7-3 員工培訓的八大失誤

● **失誤一：關閉家門，自己培訓**

　　當代許多企業認為對員工的培訓是自己企業內部的事情，只有企業內部的員工才能真正了解企業的文化、贊同企業的價值觀，企業內部培養出來的員工才更容易勝任公司的工作。因此他們拒絕與諮商公司合作，這種方式雖然更容易滿足企業的人才需求，但同時也存在很多缺陷。

　　就像清朝末年的閉關鎖國政策一樣，清朝並沒有因此強大起來，反而因為這樣與世界隔絕，慢慢落後了。這個道理在企業培訓中也同樣適用，企業長時間不接觸外部先進的管理理念，將使企業文化固定化、失去新鮮感。員工長期在一個相對封閉的環境中工作，其工作積極性就會受到打擊，這將與培訓的初衷相悖。已經有一些企業意識到了這一點，正在積極地與諮商公司合作，意圖走出這個失誤。

● **失誤二：搞錯培訓需求**

　　每個人、每個部門對於培訓需求可能都會有自己的看法，只有找到真正的培訓需求，企業才能達到想要的培訓目的。那麼企業需要的到底是什麼樣的培訓？哪些培訓才會對企業的發展有利呢？這一問題已經成為困擾大多數企業的難題。企業的培訓方案要想制定得合理並取得預期的效果，首先應該對企業的培訓需求進行調查分

析，這也是許多企業選擇與諮商公司進行合作的原因之一。諮商公司能夠為企業提供合理的培訓需求分析和調查方法，幫助企業確定真正的培訓需求，從根源上解決培訓效果不理想的問題。

　　一般來說，企業的培訓需求共分三種：第一種，企業的現狀與預期之間的差距，這種差距可以透過調查得來；第二種，企業進行改革和調整所進行的培訓，這種培訓要經過企業的改革和調整計畫進行具體安排；第三種，企業策略目標的實現所需要的必要的人才、知識、技能的儲備，這些要透過培訓來獲得。只有真正熟悉了這三種需求，培訓才能取得預期的效果。

● 失誤三：單純追求名人效應

　　許多企業把培訓的效果過分地寄望於一個專業的培訓師，或是直接請一位老師、去書店買一本相關的書做教材，也不管書有幾章幾節，就開始進行培訓。然而專業的培訓遠沒有這麼簡單，一個專業的培訓機構提供給客戶的通常是一個培訓的框架，具體的培訓內容會在對企業需求進行調查了解之後再確定。

　　培訓師僅僅只涉及培訓的一個方面，培訓講求的是整體的效果，從調查了解客戶需求、確定具體內容再到後期的跟蹤服務等都需要具體實施的人員，因此培訓是一整套系統的服務，要透過團隊成員間的相互合作、相互配合才能完成。

● 失誤四：培訓課程模式化

　　「一個蘿蔔一個坑」，一個培訓課程只適用於一個企業，因為每一個企業都具有自身獨有的特色，一套完整的培訓課程的制定應當立足於一個企業的具體問題、員工素養和發展目標。

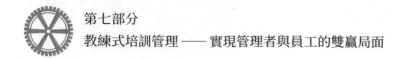

　　國內市場上充斥的培訓課程內容往往都比較陳舊，而且大多是一些學術性的課程，不能具體適應企業培訓需求，能夠滿足現今企業培訓需求的課程少之又少。國外類似的 MBA 課程最主要的作用是提升個人的素養和思想，而企業培訓的對象是整個公司，主要用於提高整個團隊的素養。課程只有兼具實用性和互動性，才能真正達到企業想要的效果。

　　企業培訓主要由培訓流程、培訓課程和培訓師三部分構成，其中最關鍵的就是培訓流程。培訓流程對課程和培訓師具有決定作用，而培訓需求又決定了培訓流程，只有恰當的培訓流程才能產生預期的培訓效果。只有對培訓效果進行及時的評估與跟蹤服務，才能讓培訓效果達到最佳。

● 失誤五：培訓缺乏前瞻性

　　讓我們來看一下一個優秀的企業是如何做好培訓的：要有清晰明確的培訓目的；企業理念和具體的操作方法要透過培訓統一起來；要統一企業員工的價值方向；每年都要制定一個完整的培訓計畫，然後在年初確定具體的培訓內容，讓員工朝著這個方向努力；致力於幫助每一個員工達到培訓標準。

　　在企業的年度考核內容裡有員工培訓這一項，員工現有的工作能力如何、哪些能力需要加強等都會記錄在員工的檔案裡。到年底時根據員工的工作能力和業績進行評估，以此作為員工升職和加薪的依據。這就是一套完整的培訓體系。

　　簡而言之，很多企業的培訓課程都是突發性的，缺乏系統性和前瞻性；而國外的許多企業培訓則兼具系統性和整體性。

● 失誤六：過分強調培訓價值

現在，企業越來越重視員工的重要性，但在培訓價值的意識上還存在一些失誤。有些企業通常會這樣理解：僅僅培訓一個員工的費用就相當於一個培訓師一個工作日的薪資。一般國內企業都能夠理解並樂意配合培訓的前期工作，歡迎培訓師深入到企業內部了解情況，透過調查分析設定合理的培訓課程。但是在知道需要支付的費用後往往又覺得不能接受。

一個企業的整套培訓課程結束之後不可能立竿見影，它的效果往往要在幾年之後才會顯現出來，這樣算下來培訓課程的費用自然就會顯得很高。國內的許多培訓公司都有可能會遇到這樣的問題。

當然，有些專業的培訓公司也願意調整一下培訓價格，讓客戶嘗嘗甜頭。曾經做過培訓並收到良好效果的客戶也會成為培訓公司的固定客戶，他們認為專業的培訓公司能夠針對自己企業的個性化特點設定恰當的培訓課程，對企業的發展意義重大，這樣的價格合情合理。

在效果評估方面，企業要透過不同層面、不同角度來檢查培訓效果，因為培訓的效果會時常發生轉化，做得好不一定說得好，說得好又不一定能做好。因此，企業要學會從不同角度去把握培訓效果。

● 失誤七：認為培訓就是幫你做

許多企業習慣性地把諮商機構比作醫生，事實上，教練才是諮商機構最適合的角色定位，因為病人通常都很被動，而員工則具有較大的主觀能動性，教練不可能成為員工的替代者。培訓專家的水準不管有多高，都不可能替代管理者進行日常的管理，他們能做的僅僅是在了解企業的基礎上，為企業制定具體的培訓計畫，然後協助企業員工去實行。

　　培訓公司是這樣進行培訓的：首先培訓公司的培訓顧問會親自拜訪客戶，了解客戶的需求，然後提供免費的診斷諮商，分析工具包含問卷調查、電話拜訪和小組討論等。

　　培訓公司應組建包含有顧問、培訓經理和培訓師在內的課程小組，並隨時根據培訓需求對課程進行調整。整套的培訓課程都是根據客戶的需要為客戶量身定做的，包含相關的理論框架、實戰技巧、相關課程學習和效果評估等。

　　設定好的課程應由專案經理和培訓師負責跟進。培訓課程完成之後，被培訓的公司和個人會收到培訓公司發放的關於培訓效果的綜合評估報告，以及相應的培訓跟進計畫。

　　如果你認為到現在為止培訓流程就已經結束了，那就大錯特錯了，接下來培訓公司還會為接受培訓的公司和個人安排後期的跟進服務，幫助學員學以致用，形成良好的工作習慣。培訓師還會隨時為學員解答問題。只有真正滿足客戶需求的課程和培訓流程才能讓培訓發揮應有的價值。

● **失誤八：為了培訓而培訓**

　　培訓是一種促進企業不斷向前發展的方法，而不是企業發展的目的，作為企業管理者要清晰地意識到這一點。如果能夠站在企業發展的立場上來看待培訓，也就不會對培訓產生誤解，更容易使培訓發揮它的價值。當然，許多企業管理者還失誤在單純地計算培訓的成本和效果上。實際上，只要站在企業發展的角度上，培訓成本就可以進入企業成為企業的無形資產，這個觀點也已經被世界上著名公司的發展實踐所證實。總之，一個企業如果沒有做好培訓工作，就很難在競爭激烈的社會中立足。

寶潔：做員工升遷與發展的最好助力

寶潔公司內部的提升機制一直為同行津津樂道。公司在從 1837 年成立到 1867 年的 30 年時間裡，一直在思考如何讓員工能一直留在公司。最終他們得出結論：只有讓公司的價值觀與員工的價值觀產生共鳴，員工對公司具有較強的歸屬依賴感，才能幫助公司留住人才。因此公司制定了一系列的內部選拔機制，幫助員工實現升遷、實現自己的價值，從而為公司留住人才。

公司內部的升遷機制同樣也是寶潔成功的關鍵之一。內部的升遷機制也就是指公司內部的高階管理人員都是從員工中提拔上來的，寶潔不會接受一個「空降兵」來管理公司。寶潔公司一再向員工強調，公司實行內部發展機制，任何的提拔、升遷和獎勵都源於員工自己的表現和工作能力，員工對公司的貢獻和取得的業績決定著他個人的成長快慢。一般來說，大多數公司都從員工內部來選拔優秀的管理人才，但在寶潔公司，這種選拔機制已經成為了一種企業文化，成為公司用人的核心。

如果要在公司內部實行內部升遷機制，就必須有充分的前提條件。第一，公司內部的員工必須有發展的潛能；第二，員工必須要認同公司的文化和價值觀；第三，公司的職業規劃和升遷機制要完善；第四，公司必須為員工設計一整套的培訓體系，提高員工的能力；第五，盡量做到升遷機制透明化。

獵頭公司最近異常熱門，他們熱衷於從其他公司挖掘人才，雖

然有時候也能得到非常優秀的人才資源，但是這種選拔方式代價太大，而且這些人才不一定能完全符合公司的要求，也不可能一下子就認可公司的文化和價值觀。種種的不適應可能很快就會將新人的銳氣消磨掉，反而阻礙公司發展。

寶潔作為一個國際性的大公司，為員工提供了足夠的發展空間。無論是技術型還是管理型人才，寶潔都為他們提供了廣闊的空間，讓他盡情地描繪職業發展藍圖。如果你想要成為人力資源經理，那麼你就可以這樣設計你的職業發展路線：剛進入公司的時候，你可能只是一個人力資源專職管理培訓生；之後你就可能會成為負責應徵和培訓的經理助理；再然後你可能將會作為某一專業領域的經理、負責某一專業的應徵工作；然後你就可以憑藉自己的能力和表現勝任某一分公司的人力資源部經理，負責整個分公司的應徵、培訓和薪資待遇；最終你將會成為整個公司的人力資源經理。同樣的，在市場部、財務部、資訊科技部等部門也有一條清晰的職業發展脈絡。

實行好公司內部升遷機制

要實現公司內部升遷策略，必須要有完整的升遷系統的支持。為此，寶潔公司的人力資源內部提拔實行四步走策略，如圖 7-4 所示。

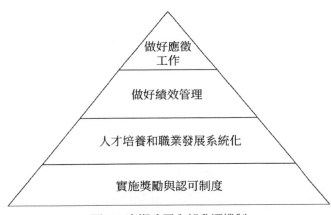

圖 7-4 寶潔公司內部升遷機制

（1）做好應徵工作。寶潔公司的應徵流程與其他公司相比，獨到之處就在於其不僅僅由人力資源經理去負責應徵，需要人才的部門經理也會直接參與到應徵工作中來，因為這些部門經理對應徵的職位都有一個清晰的意識，對員工的能力和潛力也有自己的獨到見解。公司的領導階層也會支持應徵工作，甚至高層經理也會直接參與其中。寶潔公司在應徵過程中一直力求做到最好。

（2）做好績效管理。管理者要明確績效管理的標準，並定期對員工進行指導，在平等交流和相互信任的基礎上，與員工一同確立個人的工作發展計畫。

（3）人才培養和職業發展系統化。公司首先應該具備嚴格的任命方式；然後就是將個人的職業發展規劃透明化；最後要具備管理個人職業發展規劃的能力。對於大多數員工來說，升遷機會少之甚少。因此寶潔公司總是將職位空缺情況公開化，將資訊發布在公司內部網站上，大家都可以去申請，然後再根據績效考核確定最後的人選。

（4）實施獎勵與認可制度。主要包括獎勵優秀的員工和肯定員

工的工作業績等方面。有一位品牌經理為我們講述了他的故事。他在 1999 年的時候還不是品牌經理，他的工作方案經常遭到上司的駁斥，在他以為自己可能就要捲鋪蓋走人的時候，上司卻在績效考核的時候給他打了高分，這讓他感到很意外。上司解釋說，他提出的方案雖然缺乏前瞻性，但並不妨礙他工作出色 —— 他堅持不懈的努力最終得到了上司的認可。

除了律師和醫生，寶潔公司的所有高階經理幾乎都是從新人中提拔上來的，管理階層 95% 的員工都來源於應屆大學生。在這種內部升遷觀念之下，歷任 CEO 在剛進公司時就從最初級的經理開始做起，首先了解產品，然後再熟悉公司的經營理念和公司文化。他們陪著寶潔公司一起成長，這種對公司的依賴感和自豪感一直讓他們保持著對工作的熱情。

應徵到了優秀的員工，就要對員工進行培訓，寶潔公司的培訓機制也是相當完善的。

培訓就是盡最大可能挖掘員工的潛能，幫助員工實現個人價值，也為內部提升提供重要的保障。每年寶潔公司都會定期從全國一流大學應徵優秀的應屆畢業生，透過一系列獨特的培訓課程將他們培養成最一流的人才，滿足公司的人才需求。一般新員工都會在進入公司兩年後被調動職位，他們藉此對自己的職業規劃進行重新定位，尋找新的動力。

「全員、全程、全方位、針對性」是寶潔公司一貫的培訓理念，公司內部還設有「P&G 學院」，在學院內，員工可以學到系統的管理技能和專業技能，如圖 7-5 所示。

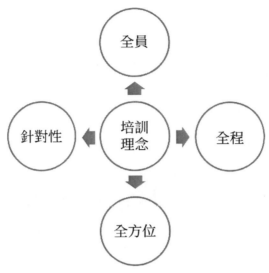

圖 7-5 寶潔公司培訓理念

（1）「全員」指公司裡的所有員工都有機會參加培訓。公司針對不同的工作職位和工作內容為員工設計了獨具特色的培訓課程。

（2）「全程」指從員工跨進寶潔的那一刻起，培訓課程會貫穿整個職業發展過程。這種培訓方式不僅可以幫助員工不斷適應工作需要，而且也能讓他們逐步提升其自身能力和素養。

（3）「全方位」指寶潔公司的培訓課程包含多個方面，不僅有素養培訓，還有管理技能、專業技能、語言技能等的培訓。

（4）「針對性」指培訓課程會針對每一位員工的特點，結合工作需要來進行設計；公司也會將員工的職業興趣列為考慮範圍。

公司針對員工工作能力和工作要求，為員工設計不同的培訓專案，以滿足公司對人才的需求，更可以將員工的潛力發揮到極致。

員工在公司進行一段時間的工作之後，肯定會對公司文化和公司制度產生認同感，並對公司產生一種歸屬感，而從其他公司挖來

的人才或許剛開始就會與公司存在磨合問題，這導致其不能很快地上手工作，間接地會影響公司的運作。寶潔公司這種獨特的內部選拔機制不僅為公司培養了許多優秀的人才，還在公司內部形成了一種寶貴的企業文化，為寶潔公司創造了一種獨特的競爭優勢。

員工也要更新換代

寶潔公司把員工當作寶貴的資源，但並不意味著公司會無條件地滿足所有員工的升遷要求，也不會片面強調員工的低流失率。寶潔公司認為，只有透過不斷的人才流動，才能為公司補充新鮮血液，保持公司的旺盛活力。

公司裡有的員工並沒有強烈的升遷慾望，但在其職位上也能盡到自己的職責，這樣短時間內不會影響公司的運作。但是如果公司想要應徵更優秀的員工，那這類得不到升遷的員工很可能就會被辭退而為更有潛質的員工騰位置。在寶潔，優秀的人才實在太多，因此因沒有升遷機會而辭職者同樣也可能是不可多得的人才，在其他公司通常也會受到重用。所以即便員工在寶潔沒有得到升遷，但在寶潔獲得的經驗，一樣會有助於其在其他公司實現自己的人生價值。

當然任何事情都是有利有弊的，內部升遷機制雖然能給公司留住大量的優秀人才，但是也可能會給公司的創造力帶來不利影響。為此，寶潔公司同樣也很重視「外向性」，加強與外部市場的連繫，與外部的供應商和分銷商做好配合，引進先進的管理理念，利用外部的積極因素解決內部升遷機制所帶來的弊端。

寶潔一直堅信公司內部存在大量人才資源，其希望每一位員工都能重視自己的價值，根據自己的能力，為自己制定合理的升遷計

畫。員工在寶潔公司特有的企業文化中成長，必將會對公司的核心價值觀產生認同感、對公司產生歸屬感。內部升遷機制除了能激發員工的工作積極性之外，還能有效地保護公司制度和公司文化，減少對公司經營所帶來的風險。寶潔公司不僅讓員工充分感受到寶潔的品牌魅力，還提高了公司的競爭力，贏得了公眾的信賴。

第八部分

教練式績效管理 —— 如何讓員工創造最佳績效

員工無法創造高績效，該如何應對

　　「員工表現還不錯，但是又不夠好」，這大概是很多管理者對員工的評價。管理者經常會感覺自己的員工並沒有發揮出最高水準，可是又不知道該如何著手提升員工績效。如果你也有這樣的困惑，並且希望自己的員工創造出更好的績效，希望自己的管理團隊有所改善，那麼就要像一個教練一樣，在一段時間裡給予員工恰當的支持和指導，並且配合合適的管理形態，以提升員工的能力和自信度，從而促使整個團隊的績效和生產力有所提升。

　　在現實中，若管理者的領導方式不恰當，那麼員工的表現往往也會欠佳，無法發揮出最高的水準，創造出更好的業績。所以，對於一個教練式管理者而言，最大的挑戰就是要高效且快速地引導和培訓員工取得更高的績效，從而使整個團隊的業績水準和工作效率都隨之提升。

　　要想讓自己的員工做得更好，創造更高的績效，一個教練型管理者應該從以下幾個方面著手。

首先，從自己的高效領導力開始

　　如今，一個高效的教練型管理者都應該為自己的員工創造一個良好、舒適的工作環境，以確保員工能夠在這個環境裡充分發揮自己的能力、才幹，進而取得更好的業績。而如何讓剛起步或者尚處於學習階段的員工迅速成為高績效表現者，這是每一個優秀的教練

式管理者應該關注的問題。在這裡，我總結了成功的教練型管理者應該具備的三項技能。

● （1）診斷：確定員工現在處於哪個實際發展階段

要成為一個高效的教練型管理者，你首先應該掌握的一項技能是能夠正確判斷出員工正處於怎樣的發展階段。那麼，如何做到正確診斷呢？你需要抓住兩個關鍵點：員工的工作能力與工作意願。

工作能力自然就是指員工在工作時所具備的知識和技能。判斷員工的工作能力，最好的方式就是看他的業績表現。員工的工作能力可以在學校教育、工作經驗、職業培訓中得到提升，而且管理者若能夠給以正確的引導和幫助，員工往往具有很大的成長空間。

至於工作意願，就是指員工在工作中所表現出來的工作態度、自信心和積極性。員工願意為這份工作付出努力嗎？他們相信自己能做好這份工作嗎？他們是否對工作懷有一定的興趣和熱情？這些都是管理者需要觀察的方面。如果員工具有充分的自信和工作積極性，那麼也就擁有了足夠的工作意願。

透過對員工工作能力和工作意願的判斷，我們大致可以將其發展現狀劃分為四個發展階段：A —— 充滿熱情的初學者；B —— 正在嘗試的學習者；C —— 謹慎而能幹的執行者；D —— 能夠獨立自主的完成者。

● （2）靈活性：靈活地給予員工符合其發展階段的引導和幫助

在管理領域，人們經常會為兩種管理風格爭執不下 —— 民主管理和獨裁式管理。而我認為，這兩種管理風格很難說哪一種更勝一籌，就像獨裁式管理會被認為太集權、太強硬，而民主管理則被認

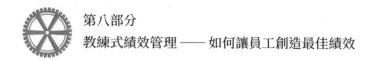
為太隨和、太軟弱一樣，任何一種單一的管理風格都是不完善的。一個極端的管理者是很難實現高效管理的，頂多可以成為「半個管理者」。

一個完整的教練型管理者應該是靈活的，可以根據員工不同的發展階段調整自己的管理風格。對於剛入職的 A 型員工，管理者應該給予對方更多的引導和幫助；若員工已經具備足夠的技能和工作經驗，管理者就應該放手讓其發揮，而不是手把手地指揮。

為了讓員工創造出高績效，管理者的管理形態也必須與員工的發展階段相對應。而且，隨著工作經驗的累積，當員工的發展階段提升到一個新的層次時，管理者也要隨之調整自己的管理形態。

然而，現實情況卻是大部分管理者都有自己較為擅長的管理形態，他們很難靈活應用和轉換這 4 種管理形態。調查現實，有 54% 的管理者只對一種管理形態擅長；可以靈活應用兩種管理形態的大概占 34% 的比例；能靈活應用 3 種管理形態的管理者只有 11%；而只有 1% 的管理者可以靈活應用 4 種管理形態。身為一個高效的教練式管理者，一定要做到靈活運用這 4 種管理形態。

●（3）溝通：與員工建立良好的溝通機制，團結一致實現目標

一個卓越的管理者應該與員工之間建立起良好的溝通機制，從而促使整個團隊團結一致，達成目標。否則，即便管理者靈活地採取了適當的管理形態，也可能因為溝通不暢而影響員工的工作積極性，從而降低工作效率。

比如，小李是剛入職的一位新員工，你認為他需要你的引導和幫助。於是，你會經常到他的辦公室去，詢問和視察其工作情況。

如果這時候你沒有與其建立起良好的溝通關係，也沒有告訴他為什麼，那麼這時候小李可能就會嘀咕：「上司這麼做是不信任我嗎？既然不信任我，又為什麼把工作交給我？他這樣老『監視』我，我又怎麼能安心工作呢？」

再比如，對於老員工老王，你透過判斷認為他能夠獨立完成工作任務了，便決定放手讓他自己發揮。可是，在這個過程中若沒有良好的溝通，也同樣會出現問題。幾天過後，老王一直不見上司露面，或許便會禁不住想：「是我哪裡做得不好嗎？上司怎麼不關心我了？難道我被『冷藏』了？」

在以上兩種案例中，你的診斷和管理形態可能都沒有差錯，可是卻因為缺乏溝通，導致員工誤解了你的管理理念和真正意圖。因此，身為一個合格的教練型管理者，你應該領悟到：管理不僅僅是你單方面對員工做什麼，還要讓員工知道你要做什麼，然後整個團隊一起去達成目標。

掌握了溝通這個技能，你在採取相應的管理形態以適應員工的發展階段的過程中，就可以與員工達成共識，避免因為不必要的誤會而影響工作績效。

其次，從員工那裡獲得採用某種管理形態的許可

管理者在採取某種管理形態時，應該注意從員工那裡獲得許可，與其達成共識。這樣做有兩個好處：

使管理者和員工之間溝通更順暢，資訊更明確；

能夠讓員工認同你所採用的管理形態，進而積極主動地投入工作，而不是被動地聽從命令。

獲得使用某種領導形態的許可包含兩層含義：

它使上下級之間的溝通訊息更加清晰；

獲得許可能讓員工認可你將採取的領導形態，並且提高他們的工作意願。

比如，面對一個充滿熱情的新員工，他對工作內容還不太熟悉，也不具備相應的工作技能，不過他很願意盡快成長起來，而且對即將接任的工作充滿期待。這時候，管理者應該採取的是指令式管理。

為了與其達成共識、獲得管理許可，管理者可以這樣說：「我將制定一個可行的計畫，並且教你一步步完成計畫、實現目標。在這個過程中，我會經常與你溝通，探討工作程序，並且隨時提供幫助。對於這種方式，你認為能夠盡快幫助你成長嗎？」如果該員工表示贊同，那麼你就可以開始了。

再比如，有一個員工在工作了一段時間後，已經具備獨立工作的能力了，這時候管理者應該採取的管理形態應該是授權式管理。

在溝通時，管理者可以這樣說：「現在是你自己掌控工作進度的時候了，你只要定期向我彙報一下工作進度就行了。若是遇到什麼難題，你可以隨時和我聯繫。除非收到你的回饋或者了解到某些特殊情況，我會認為工作在正常進行。另外，若是出現差錯，你要及時讓我知道，不要任其惡化。除此之外，你可以獨自掌控這項工作。你覺得如何？」

如果該名員工同樣認為自己擁有了獨自掌控該項工作的能力，那麼他就會欣然接受；如若不然，你們也可以再進行溝通，以保證雙方達成工作共識。

想要成為一個優秀的教練型管理者，你必須審視自己是否能夠準確判斷員工的發展階段，是否能夠靈活地採用不同的管理形態，是否能和員工順暢地溝通並達成工作共識。只有做到這些，你才能引導員工達到最佳工作狀態，進而創造更好的工作業績。

創造卓越績效的前提：贏得員工的心

在我從事管理諮商工作的這些年裡，經常會有企業主管或者部門主管來找我諮商。有一天，有一個企業的主管拿著他制定的「員工績效考核表」來找我，希望我能給他提點意見，以便更好地管理自己的員工，激發他們的工作熱情，讓員工能夠竭盡全力地為公司辦事，最終實現企業的經營目標。

我仔細看了看他所謂的「員工績效考核表」，發覺他在擬定這份表的時候確實下了一番功夫，因為這份考核表內容非常全面，涵蓋了 6 大項指標和 12 小項指標，將員工的工作內容和職責分得清清楚楚，對考核的具體方式和每項考核內容所要達到的標準也做了清晰界定，如果單純看這份表的話，幾乎挑不出毛病。但是我問他：「你制定這樣嚴苛、完善的考核制度，真的激發員工的工作積極性了嗎？他們真的會心甘情願地為你工作嗎？」單單這兩個問題就將他問得啞口無言。

其實向我諮商這類問題的已經不止他一個了。許多企業的管理者為了提高員工的工作業績，通常將精力放在如何改善管理方法上，但是他們都忽視了一個重要的問題 —— 再嚴格的考核也不能考核出高業績。要想產生高績效，必須找到創造高績效的根源，從而找到解決問題的方法。平時企業所說的考核只是對員工的一種限

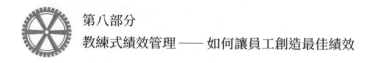
制，讓員工在工作中按照規矩辦事，制約了員工的主觀能動性，很難造成激勵員工、發揮員工潛能的作用。

在我看來，員工的績效不是透過規章制度規定出來的，也不是靠對員工的考核來實現的，管理在員工績效上也不能發揮作用。真正的績效是由被激發的員工 —— 尤其是基層員工……一步一步慢慢做出來的。因此，要想在員工的績效上取得成效，就必須改變傳統意義上的績效管理方式，贏得員工的心，讓員工心甘情願地為你工作，讓員工對團隊和企業充滿歸屬感和責任感。

只有將這種高度的責任感和歸屬感轉化為工作的內在推動力，才能真正實現員工的高績效？身為一個管理者，如何才能贏得員工的心，從而使其為企業創造高績效呢？下面就是我專門針對這一問題為管理者提出的幾點要求。

不是「應該」，而是「必須」

工業革命初期，亨利·福特（Henry Ford）曾經說過這樣一句話：「我們的工作只需要一雙手就可以完成，但來的通常是一個人。」福特的話其實向我們點明了一個道理：你所擁有的員工不是一個只會按照制度和流程工作的「機器」，而是一個有血有肉、有智慧、懂感情、會生活的人。只要你需要靠員工來幫助你完成任務、達成目標，你就必須考慮他們的情感體驗，充分激發他們的主觀能動性和工作積極性，給他們提供發揮聰明才智的平台。為員工設定嚴格的規章制度和流程只會限制他們的思維，這時候你所僱用的就不是一個員工了，而只是他的雙手。而要讓員工充分發揮自己的創造才能和潛質，我們就必須僱用他的大腦，讓大腦創造更多的智慧。

　　隨著經濟社會的不斷發展，腦力勞動者逐漸增多，這些腦力勞動者特別是知識型勞動者的工作不是透過制度和規定就可以監督的，更多的是依賴員工自覺自願的行為？當今日益發達的服務業也需要思想來做支撐，以應對千變萬化的客戶需求；日益複雜的經濟活動和日益激烈的商業競爭環境也需要增強員工的隨機應變能力。因此，「僱用員工大腦」將會成為未來經濟發展、人力資源管理的主要趨勢。

　　「僱用員工大腦」表面上看就是要重視員工的個人價值，尊重員工的個人尊嚴，但是放在現實生活中我們應該怎麼做呢？

　　有一個專門從事調查的網站做了一項專業調查，主題為「職場奉獻精神」。結果表明：在對受訪者提到是否認同「職場奉獻精神」時，約有 80% 的人認為職場需要奉獻精神；31% 的受訪者認為在職場中應該主動承擔更多的責任；25% 的受訪者認為與同事「同甘共苦」在職場中是很有必要的；22.4% 的受訪者表示自己是贊同「以公司利益為上」這個觀點的；只有 20% 的受訪者表示只要做好本職工作就好，無需什麼所謂的職場奉獻精神。可是，在被問及「你是否願意為目前所在的公司做出奉獻」的問題時，受訪者剛開始都表示了沉默，有 70% 以上的受訪者表示「不能夠」或者「不好說」，只有 27% 的受訪者做出了肯定的回答，並且表示，只要公司有需要，就肯定會心甘情願地為公司無私奉獻。

　　從上面的調查結果中我們可以得出結論，大多數人對職場上的「無私奉獻」是持積極肯定態度的。但是當事情發生在自己身上時，他們卻不會選擇無私奉獻。這就說明，大多數企業並沒有為員工提供或者創造有利的工作環境來培養和激發員工的職場奉獻精神。也

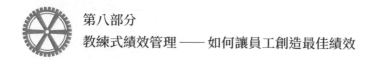
就是說，它們僅僅擁有了員工的雙手，卻沒有贏得員工的大腦和心。

美國經濟學者傑克·法蘭西斯（Jack C. Francis）曾經說過：「你可以用錢買到一個人的時間，你可以僱一個人為你工作，你甚至可以買到技術和操作流程，但是你永遠也買不到一個人的熱情和創造力，買不到全身心的投入，因此你要想盡辦法爭取這些東西。」只有這些我們想盡辦法爭取到的東西，才是提高企業績效和核心競爭力的源泉和動力。

要做個稱職的管理者

我曾經對員工離職的原因做過一項調查，結果表明：絕大多數員工離職並不是對公司不滿意，而是不滿意他的直接管理者。因此，一個管理者是否稱職，將直接關係到員工是否有歸屬感和責任感。

曾經有一家企業與我簽訂了長期進行管理諮商服務的合約，在這家企業我就遇到了一個典型的事件：這家企業的總經理是一個典型的唯我獨尊的人，他習慣了向員工下命令，在給員工安排工作的時候，從不顧及員工的感受，只是一味地向員工強調要嚴格按照規章制度辦事，要遵守工作紀律，要以企業和團隊的利益為重，卻並沒有考慮到員工也有自己的生活需要，需要在工作和生活中尋找平衡點，也沒有想到員工更希望在工作中有職業發展選擇和進步的空間。有一次，他甚至在挽留公司的一名核心員工時，首先關注的重點仍然是這名員工為什麼做不了這項工作，而不是思考能不能設法換另一個人來做這份工作。結果不言而喻，這個他聲稱要挽留的核心員工在聽完他的話之後，更堅定了離開的決心。

在我提供諮商服務的另一家公司裡，我也碰到了一件很有意思

的事情。這家公司有一個獲得「績效管理標竿單位」榮譽稱號的分公司，我的團隊對員工的「滿意度、敬業度和忠誠度」做了一項專項調查，我們故意問了員工這樣一個問題：「你認為干擾你正常工作的因素主要是什麼？」備選答案包括總公司、上級子公司、本公司、上級管理階層及其他。結果，所有參與調查的員工都毫無疑慮地選擇了「其他」，並且還有不少員工特意在後面做了標註：「就算是臨時安排的工作也沒有干擾我的正常工作。」

　　由此可見，在一個管理良好、責任感、歸屬感和集體榮譽感都比較強的團隊裡，員工面對困難和挑戰的時候不會相互推諉，面對責任的時候也不會相互推脫，他們只會竭盡全力把自己的工作做好。他們能夠做到這點的根源就在於團隊中有一個稱職的管理者，他們可以無條件地信任和依靠他。

　　一個成功的企業管理者不僅能夠有效地管理好自己和工作任務，還能夠身體力行地為員工做表率，嚴格要求自己和員工，關懷和幫助員工，對員工進行有效的管理，為員工創造發展的平台，讓員工在平台上展現自己最優秀的一面，充分發揮他們的潛力。這是管理的最高境界，也是高績效的重要來源——員工完全實現自主、自願的自我管理，努力創造自我管理型的團隊。

打破契約和制度，激發員工潛能

　　要贏得員工的心並不是一件容易的事，僅靠管理者個人的努力還遠遠不夠。許多企業為了能管理好員工，提供工作績效獎懲標準，與員工簽訂勞動合約，在企業中制定完善的規章制度，還擬定了績效合約。這些看得見的契約看似完美，但是管理者不妨設想一

下：如果員工並不是真正心甘情願地為你做事的話，再完善的規章制度、再嚴謹的合約契約也不能激發員工的工作熱情；你得到的將是只懂得循規蹈矩而失去創造力的員工，員工最有力量的心靈和智慧並沒有為你所用。

因此，要想創造高績效就必須學會打破常規，放棄過去那種繁文縟節，走近員工，重視他們，了解他們，最終贏得他們的心。

設定一個目標，給員工注入驅動力

身為一個教練型管理者，在引導和幫助員工提升業績、實現工作目標的過程中，千萬不要忘了為員工們設定一個共同的目標。當一群人、一個管理團隊為了一個共同的目標而努力時，將會產生巨大的驅動力。下面我們先了解一個概念目標管理，這也是一個教練型管理者必須掌握的技能之一。

「目標管理」這一概念是 1954 年由美國管理大師彼得·杜拉克（Peter Drucker）在其名著《管理實踐》中首次提出來，指的是在管理工作中，運用一種「以目標為導向，以人為中心，以成果為標準」的管理方法，使組織和個人都能獲得最佳業績。雖然現在距離概念的提出已經過去了半個多世紀，但隨著經濟的發展，這一概念的內涵更加豐富，也越來越廣泛地被用於實際的管理中。彼得·杜拉克認為，人們並不是因為有了工作才有目標，而是有了目標才能確定自己的工作。因此，他說「企業的使命和任務必須轉化為目標」，沒有目標的領域必然會被忽視。

我們先從目標的設定講起。目標的設定主要有三種形式，即由上而下、由下而上和目標分解。其中，由上而下型設定目標的方法

主要是從企業層面出發，逐級設定總目標、單位目標到個人目標的過程；由下而上型則主要是從基層員工出發，評估整個公司可以實現的進度，最後形成公司的總目標；而目標分解是前面兩種形式的結合，先「由上而下」把公司的總目標分解成逐級目標，再「由下而上」從個別目標開始逐步實現，最終達到總目標的預期效果。

目標管理更注重的是實踐。也許你已經科學、合理地完成了對目標的了解、設定等程序，但這還只是第一步，只是有了一個藍圖，實現目標靠的則是具體的行動。在目標實現的過程中，管理者要謹慎、認真地對待目標，注意將目標轉化為員工的內驅力，這樣才能有實際收穫。

目標管理是目前很多公司都在採用的一種管理模式，它的根本在於一個合乎常規的、目的性明確的目標能夠在相當程度上成為激勵員工的有效工具，可以給員工注入強大的驅動力。但是，一個不切合實際、目的性不強的目標則會形同虛設，不僅無法激勵員工，甚至可能會成為員工懈怠的藉口。一個教練型管理者對目標要有這樣的意識：目標就是計畫，要將工作目標和團隊願景結合起來。

管理者若是一味高高在上，不能夠準確洞察員工工作的每一個細節，他所制定出來的目標必定不能夠達到最佳效果。也就是說，制定目標一定要結合實際工作，不能憑空揣測。制定目標的根本原則是：上級必須同下級進行溝通和商議，大家共同制定的目標才具有說服力。

目標的分類可以有很多標準，參照不同的標準可以將目標分為很多種。對於一個教練型管理者來說，在制定目標時，主要參照的依據是目標的多元性。根據內容不同，可以劃分出兩種目標。

（1）業務目標：管理者在具體的部門和職位上，在業務方面所要達到的常規目標。這和普通員工要達成的目標在性質上是一樣的。

（2）培養下屬的目標：這是身為教練型管理者區別於普通員工的主要方面管理者承擔著對下屬的培訓、開發以及輔導、培養等方面的具體任務。培養下屬應該作為一項重要任務貫徹到管理者的具體工作中，這是管理人員必須要造成的作用，這樣才能為公司的長遠發展培養、儲備人才。

需要強調的是，管理者要注重提高自己培養下屬的能力，不要有狹隘思想，處處給下屬設定障礙，生怕下屬會奪了自己的位子、搶了自己的風頭。管理者要有大境界，才能在管理這條道路上實現大發展。要想把管理工作做得卓有成效，管理者就應該注重自己整個團隊的效率，這才是實現有效執行力的關鍵。

管理者在確定好目標後，還要透過溝通得到員工上下一致的認可，這樣才能在上下一心的前提下，以目標的達成為依託，給員工注入巨大的驅動力。在一個團隊中，大家都團結一心，為同一個目標努力，也就不愁沒有好績效。

1939 年成立於美國的惠普公司，經過短短幾十年的發展，至 1997 年營業額已經達到了 400 多億美元。據專家評估，他們每年的純利潤高達 30 多億，在全世界 500 家大型同類公司中排名第 47 位。惠普公司正是憑藉著它先進的目標管理理念和員工強大的凝聚力躋身全球知名企業行列的。

惠普的創始人比爾·惠利特（Bill Hewlett）說：「惠普的成績都是出於一種信心，那就是願意相信惠普員工都想把工作做好、有所進步。只要為他們安排適宜的環境，他們就能完成得更好。」他的

話也代表了惠普人所堅持的共同信念。惠普的做法很簡單，就是在設定共同目標的前提下，尊重每一位員工的意見；在尊重的前提下，肯定每一位員工的工作成果。這也是惠普成功的原因之一。

不管到惠普的哪一個部門工作，你總能看到一幅其樂融融的畫面。不管是開會討論重大事項，還是平日裡的小溝通，管理者對待下屬總是很友好。惠普公司是全世界企業中為數不多的在聽取員工意見、員工要求甚至員工批評的時候，管理者還依然保持著微笑的公司。在這種融洽輕鬆的溝通氛圍中，公司各階層員工更容易達成一致的工作目標。

惠普公司取得的成就憑藉的正是他們「雙向溝通」的理念，這樣的宗旨也已經持續了很長時間，現在還在不斷地完善著。而且，公司制定的目標會隨著大家的商討結果而不斷修正，修正後會以嚴肅的形式印發給每位員工。公司的宗旨經常會被拿出來反覆強調：「組織之成功乃是每位職工共同奮鬥之結果。」就像惠普公司經常強調的那樣：「惠普不會採用嚴格之軍事訓練形式，而應給予全體職員以徹底的自由，讓每個人按照自己認為最方便完成自身工作的方式，使其為公司的成功做出各自的努力。」

對於一個團隊來說，關於目標的溝通是最終實現目標的重要條件。在共同奮鬥目標的指引下，大家才能夠獲得強大的驅動力，懷著共同的信念和必勝的決心，一起努力。因此，身為一個教練型管理者，要想提升整個團隊的績效，首先必須確立一個目標；其次要透過溝通，讓員工認可這個目標，並向著目標採取實際的行動。這樣才能以目標為驅動力，實現整個團隊的績效提升。

▌讓員工充分理解個人績效目標

績效目標又稱績效考核目標，是指為評估提供所需要的標準，以便在績效考核的時候更客觀、更全面。員工的個人績效目標是進行教練式績效管理的前提，是對員工在績效考核期間的工作提出的要求和員工所要達到的標準。

當然僅僅幫助員工確定個人的績效目標是遠遠不夠的，管理者還要讓每一個員工都能充分了解和清楚自己的績效目標、部門的目標和企業的目標。

管理者要讓員工知道個人的績效目標對企業有什麼意義。只有每個員工都達到了自己的目標，部門的目標才能實現？每個部門的目標實現了，企業的總體目標才能達成；企業的目標達成了，企業的經營方針才能實現；企業的經營方針實現了，企業才能創造更高的效益。

掌握企業的重要經營資訊是員工充分了解個人績效目標的前提。比如企業總體的經營狀況、策略應用、工作得失、中長期目標和經營計畫、在本行業的競爭優勢、部門的管理與配合等情況，這些資訊不僅可以讓員工事先判斷自己所處的工作環境和競爭環境，還可以使其了解企業的目標和期待，為完成企業目標做好準備。

因為資訊是有時效性的，因此有關企業的資訊必須及時、迅速地傳遞給員工。如果員工不知悉企業重要的經營資訊和發展目標，那麼無論管理者如何呼籲員工發揮主觀能動性，如何挖掘員工的潛

能，如何激發員工的創造力，企業的目標也難以實現，管理者對員工參與策劃、實現自我管理和參照個人目標進行自我評估的願望也難以完成。

我曾經聽過一個非常經典的故事。有個人在經過一個建築工地的時候，看見有三個石匠在工作，於是他就走上前去問他們在幹什麼。三個石匠卻有三種不同的回答。

第一個石匠說：「我在做養家餬口的事，爭取混口飯吃。」

第二個石匠說：「我在做石匠工作。」

第三個石匠說：「我正在蓋一座城堡。」

結果這個人發現，第三個石匠的技術最好，而且最符合建造城堡的要求。

「一千個人心中就有一千個哈姆雷特每個人在看到這個故事的時候都會有不同的體驗，有人會因此反思看待自己職業的方式，有人會想到員工期望的管理形式，而我想到的是如何管理企業的策略經營目標。

就我接觸到的許多國內企業而言，員工在企業中的等級越低，就越不了解企業的策略目標，然而最基層的員工接觸的目標客戶最多，也最了解客戶的需求。有一部分員工可能會是第一個石匠，不清楚自己在做什麼，只知道自己是在工作；還有一部分員工是第二個石匠，清楚地知道自己在幹什麼，卻不知道自己工作的意義何在；只有極少數的基層員工清楚知道自己的工作意義在哪、企業的目標是什麼。

我曾經對上海、成都、重慶等幾個地區涉及房地產、金融、通訊服務行業的六個企業進行了一次簡單的調查，看看員工是否明確

企業的策略目標。調查結果在我的意料之中：在參與調查的員工中，只有 12.5% 的員工表示了解企業策略目標。透過對調查對象進行仔細劃分你會發現，清楚了解企業策略目標的主要是企業的管理階層，員工等級越低，就越不清楚企業的策略目標。我在跟員工進行溝通訪談時還知悉，有超過九成的員工希望了解企業策略目標。目前國內大多數企業的行為和員工的期望不符，原因就在於員工對企業的策略目標不了解，很難將自己個人目標與企業目標結合起來。

研究顯示，如果員工明確了解企業策略目標，則可以提高員工的凝聚力，增強員工的自豪感和責任感。如果我是一個企業家，我希望我的員工都是第三個木匠，因為他知道，自己不僅僅是在做石匠工作，也非常清楚自己的工作意義，他在言語中都充滿了對自己工作的一種自豪感。

看了這則石匠的故事，我們的管理者們是否應該反思一下呢？

在我看來，要讓員工充分了解企業的策略目標，最好的方式就是加強對員工的培訓。為員工更好地理解個人績效目標提供機會和時間，如有必要還可以為員工配備必要的培訓導師，充分激發員工的積極性和主動性。除此之外，還要讓員工感覺到這個目標的完成跟他有密切連繫，如果在目標制定的過程中他也進行了參與，或者說這個目標是對他進行考核的參照，那麼他一定更加努力工作，工作積極性也會更加高漲。

管理者要制定一個合理且可行的績效目標，必須滿足幾個條件，如圖 8-1 所示。

（1）績效目標要符合公司的策略規劃和長遠發展。

（2）績效目標的制定要符合員工的職務內容。

（3）要制定一個具有一定挑戰性並能發揮激勵作用的績效目標。

（4）績效目標要符合 PE-SMART 原則，即 Specific（具體的、清楚明確的）Measurable（可衡量的）、Aligned（相關的或自力可成的）、Realistic（實際的或成功後有滿足感的）、Timed（有時間限制的）。比傳統的 CP 的目標原則多的一個部分是 PE，即 Positively phrsaed（用正面詞語組成）、Ecologically sound（符合整體平衡）。

符合公司的策略規劃和長遠發展
符合員工的職務內容
要具有挑戰性和激勵作用
要符合PE-SMART原則

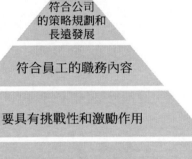

圖 8-1 制定合理可行的績效目標的條件

有了具體可行的績效目標，接下來就是要讓員工個人的績效目標與企業的績效目標有機結合，要充分理解個人的績效目標就必須充分理解企業的績效目標。那麼如何才能讓員工理解企業的績效目標呢？如圖 8-2 所示。

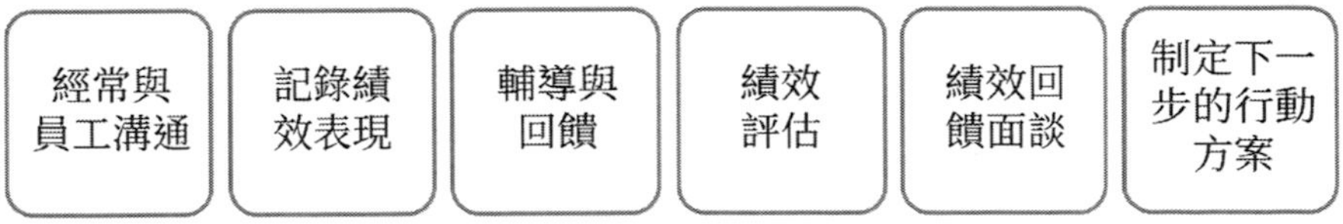
經常與員工溝通
記錄績效表現
輔導與回饋
績效評估
績效回饋面談
制定下一步的行動方案

圖 8-2 讓員工理解績效目標的方法

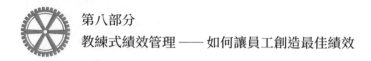

經常與員工溝通

溝通在教練式管理中是一項非常重要的管理方式，在績效管理中，溝通同樣也能發揮重要作用。

溝通在績效管理中應該符合以下幾個要求。

●（1）溝通時態度要真誠

管理者在與員工進行溝通的時候，首先態度應該真誠，這是發現和解決問題的前提。只有態度真誠了，你才能贏得員工的信任，才能從員工那裡獲得準確資訊，進而發現並解決問題，及時給員工提供幫助，幫助他們進一步理解績效目標。

●（2）溝通要及時

績效管理具有前瞻性，因此透過及時地與員工溝通可以迅速解決問題。

●（3）溝通要具體

在與員工溝通的時候，要有針對性，做到具體問題具體分析，切忌口若懸河、紙上談兵。如果只是泛泛而談的話，既不能發揮作用，又浪費時間。因此管理者要抓住溝通的機會，專注於問題的探討和解決。

●（4）溝通要有規律性

管理者可以與員工約定溝通的時間和進行下一次溝通的時間間隔，讓溝通保持連貫性。

● (5) 溝通要有建設性

在與員工進行溝通的時候、要有目的地進行，時刻圍繞溝通主題；溝通的內容還要有建設性，為員工在工作績效方面提供建設性意見，提高員工的績效水準。

記錄績效表現

對績效表現進行記錄經常被管理者和員工忽視，事實上，這種記錄看似比較麻煩，但是如果真的下功夫詳細記錄的話，它發揮的作用肯定超乎想像。因此管理者和員工在記錄工作表現的時候不要怕麻煩，並且要盡量將記錄做到圖表化和具體化。這不僅有利於輔導和評估之後的環節，避免無根據的績效評估，而且對績效表現進行記錄也有利於推動員工改善和提高工作績效。

輔導與回饋

輔導與回饋就是指在日常的工作中，管理者要注意觀察員工的行為表現，並對其行為表現進行及時回饋 —— 或肯定或批評。在這裡我需要強調的是，評估員工行為表現好壞的標準要事先與員工商量決定，並將其書面化或制度化。員工表現好時，應及時給予肯定和表揚；當員工表現不好時，也要及時予以批評並幫助其糾正。有人將績效輔導理解成要時刻監督和檢查員工的工作，這種理解其實是錯誤的。管理者應該在員工有需要的情況下才去監督他們。一旦他們能夠獨立完成工作任務和承擔起自己的職責，管理者就應該學會放手，讓他們自己管理。

績效評估

　　績效評估也就是所謂的績效考核。在績效管理中，管理者和員工都應該發揮積極主動性，共同完成績效目標。績效評估應該按照季度或者半年的間隔進行，評估方法和標準也要明確和具體。績效評估的重點應該放在尋找和解決執行中存在的不足上，併為制定下一階段的工作提供依據。

績效回饋面談

　　績效回饋面談主要有兩個作用：一是將績效考核情況告訴員工，為他們提供改進工作的方向；二是透過回饋面談，了解員工對績效考核制度及執行方面存在的不滿，進一步改善考核機制。但是因為員工在與管理者面談的時候存在一定心理壓力，而且許多管理者缺乏進行面對面溝通的技巧，易導致回饋面談產生消極作用。因此，管理者首先應該掌握與員工進行溝通的技巧，其次要將自己放在與員工同等的地位上，尊重和理解他們，這樣的績效溝通才會有作用。

制定下一步的行動方案

　　與員工進行了績效回饋面談，了解了員工的績效表現後，管理者還要幫助員工改進個人績效目標和進一步的行動方案，並在下一階段的績效目標中落實，促進企業績效目標的不斷更新和實現。

引領變革，NLP 教練式管理的核心策略：
從傳統到創新激發組織潛力，由上到下改變公司結構！

作　　者：范博仲

發 行 人：黃振庭

出 版 者：財經錢線文化事業有限公司

發 行 者：財經錢線文化事業有限公司

E-mail：sonbookservice@gmail.com

粉 絲 頁：https://www.facebook.com/sonbookss/

網　　址：https://sonbook.net/

地　　址：台北市中正區重慶南路一段六十一號八樓 815 室

Rm. 815, 8F., No.61, Sec. 1, Chongqing S. Rd., Zhongzheng Dist., Taipei City 100, Taiwan

電　　話：(02)2370-3310

傳　　真：(02)2388-1990

印　　刷：京峯數位服務有限公司

律師顧問：廣華律師事務所 張珮琦律師

定　　價：399 元

發行日期：2024 年 03 月第一版

◎本書以 POD 印製

Design Assets from Freepik.com

國家圖書館出版品預行編目資料

引領變革，NLP 教練式管理的核心策略：從傳統到創新激發組織潛力，由上到下改變公司結構！ / 范博仲 著 . -- 第一版 . -- 臺北市：財經錢線文化事業有限公司 , 2024.03

面；　公分

POD 版

ISBN 978-957-680-767-1(平裝)

1.CST: 管理者 2.CST: 企業領導 3.CST: 組織管理 4.CST: 職場成功法

494.2　　113001537

電子書購買

臉書

爽讀 APP

獨家贈品

親愛的讀者歡迎您選購到您喜愛的書，為了感謝您，我們提供了一份禮品，爽讀 app 的電子書無償使用三個月，近萬本書免費提供您享受閱讀的樂趣。

ios 系統

安卓系統

讀者贈品

請先依照自己的手機型號掃描安裝 APP 註冊，再掃描「讀者贈品」，複製優惠碼至 APP 內兌換

優惠碼(兌換期限2025/12/30)
READERKUTRA86NWK

爽讀 APP

📖 多元書種、萬卷書籍，電子書飽讀服務引領閱讀新浪潮！

🎧 AI 語音助您閱讀，萬本好書任您挑選

🔍 領取限時優惠碼，三個月沉浸在書海中

🔔 固定月費無限暢讀，輕鬆打造專屬閱讀時光

不用留下個人資料，只需行動電話認證，不會有任何騷擾或詐騙電話。